上海市工程建设规范

多联式空调(热泵)工程施工技术标准

Technological standard of multi-split air conditioning
(heat pump) construction

DG/TJ 08—2091—2024
J 12000—2024

主编单位:上海市安装行业协会
　　　　　上海市安装工程集团有限公司
批准部门:上海市住房和城乡建设管理委员会
施行日期:2024 年 7 月 1 日

同济大学出版社

2025　上海

图书在版编目(CIP)数据

多联式空调(热泵)工程施工技术标准 / 上海市安
装行业协会,上海市安装工程集团有限公司主编.
上海:同济大学出版社,2025.2. -- ISBN 978-7-5765-
1280-9

Ⅰ. TU831.4-65

中国国家版本馆 CIP 数据核字第 202410K50L 号

多联式空调(热泵)工程施工技术标准

上海市安装行业协会
上海市安装工程集团有限公司   主编

责任编辑   朱   勇
责任校对   徐逢乔
封面设计   陈益平

出版发行   同济大学出版社   www. tongjipress. com. cn
         (地址:上海市四平路 1239 号   邮编:200092   电话:021‐65985622)
经   销   全国各地新华书店
印   刷   常熟市华顺印刷有限公司
开   本   889mm×1194mm   1/32
印   张   2.875
字   数   72 000
版   次   2025 年 2 月第 1 版
印   次   2025 年 2 月第 1 次印刷
书   号   ISBN 978-7-5765-1280-9
定   价   35.00 元

上海市住房和城乡建设管理委员会文件

沪建标定〔2024〕65 号

上海市住房和城乡建设管理委员会关于批准《多联式空调(热泵)工程施工技术标准》为上海市工程建设规范的通知

各有关单位：

由上海市安装行业协会、上海市安装工程集团有限公司主编的《多联式空调(热泵)工程施工技术标准》，经我委审核，现批准为上海市工程建设规范，统一编号为 DG/TJ 08—2091—2024，自2024 年 7 月 1 日起实施。原《多联式空调(热泵)工程施工技术规程》DG/TJ 08—2091—2012 同时废止。

本标准由上海市住房和城乡建设管理委员会负责管理，上海市安装行业协会负责解释。

上海市住房和城乡建设管理委员会

2024 年 2 月 2 日

前　言

本标准根据上海市住房和城乡建设管理委员会《关于印发〈2021年上海市工程建设规范、建筑标准设计编制计划〉的通知》（沪建标定〔2020〕771号）的要求，由上海市安装行业协会、上海市安装工程集团有限公司会同有关单位对《多联式空调（热泵）工程施工技术规程》DG/TJ 08—2091—2012进行修订而成。

在修订过程中，标准修订工作组经广泛调查研究，总结了原规程实施情况和实践经验，参考有关标准，结合多联式空调（热泵）工程技术发展，广泛征求有关方面意见，对具体内容进行反复讨论、调整和修改，最终经审查定稿。

本标准的主要内容有：总则；术语；深化设计；安装；调试；验收；附录A。

本次修订的主要内容包括：

1. 术语章节增加了空气源热泵两联供系统、冷（热）媒管道、等效长度的定义。

2. 深化设计章节对多联机设备机组配置复核计算、管线安装、基础设置等要求进行完善；增加了以多联式空调（热泵）机组作为热源的地面辐射供暖系统复核的相关要求；增加了多联机系统消声与隔振复核的相关要求。

3. 安装章节对冷（热）媒管道安装、机组安装条件等进行了补充；对多联机系统安装内容中所涉及的空调冷凝水管安装、风管及附件安装、防腐和绝热的相关要求进行了补充；增加了地面辐射供暖系统安装的相关要求。

4. 调试章节增加了地面辐射供暖系统调试的相关要求。

5. 验收章节增加了地面辐射供暖系统中间验收、成品保护的相关要求。

6. 对原规程条文、验收表格进行补充、完善、修改。

各单位及相关人员在本标准执行过程中，如有意见和建议，请反馈至上海市住房和城乡建设管理委员会（地址：上海市大沽路 100 号；邮编：200003；E-mail：shjsbzgl@163.com），上海市安装行业协会（地址：上海市甜爱路 36 号；邮编：200081；E-mail：SAX66GC@163.com），上海市建筑建材业市场管理总站（地址：上海市小木桥路 683 号；邮编：200032；E-mail：shgcbz@163.com），以供今后修订时参考。

主 编 单 位：上海市安装行业协会
　　　　　　　上海市安装工程集团有限公司
参 编 单 位：上海市冷冻空调行业协会
　　　　　　　上海建筑设计研究院有限公司
　　　　　　　中建八局总承包建设有限公司
　　　　　　　上海市建设工程机电设备工程有限公司
　　　　　　　大金空调技术（中国）有限公司
　　　　　　　青岛海信日立空调营销股份有限公司
　　　　　　　三菱重工空调系统（上海）有限公司
　　　　　　　东芝开利空调销售（上海）有限公司
　　　　　　　上海建工一建集团有限公司
　　　　　　　中建二局安装工程有限公司
　　　　　　　上海建工七建集团有限公司
　　　　　　　上海泽天工程科技有限公司
主 要 起 草 人：祤丽婷　苏建国　邵乃宇　万　阳　潘文涛
　　　　　　　　汤　毅　陈　星　季学冬　洪之钧　陈俊杰
　　　　　　　　奚祥富　曾华溪　吴良友　金　松　王文海
　　　　　　　　吴　骏　黄跃峰　孙　杰
主 要 审 查 人：梅晓海　陈洪兴　朱伟民　马伟骏　王海东
　　　　　　　　任嘉俊　唐卫新

上海市建筑建材业市场管理总站

目　次

1　总　则 ·· 1

2　术　语 ·· 2

3　深化设计 ·· 4

　3.1　一般规定 ······································· 4

　3.2　机组及性能复核 ································· 5

　3.3　管道系统复核 ··································· 8

　3.4　风管系统复核 ··································· 10

　3.5　电气与控制系统复核 ····························· 11

　3.6　地暖水系统复核 ································· 12

　3.7　消声与隔振复核 ································· 14

4　安　装 ·· 15

　4.1　一般规定 ······································· 15

　4.2　室内机安装 ····································· 16

　4.3　室外机安装 ····································· 17

　4.4　冷(热)媒管道安装 ······························· 19

　4.5　水源热泵多联机安装 ····························· 28

　4.6　电气与控制系统安装 ····························· 30

　4.7　新风处理机组和空气全热回收器安装 ··············· 32

　4.8　空调冷凝水管安装 ······························· 33

　4.9　风管及附件安装 ································· 35

　4.10　防腐和绝热 ··································· 37

　4.11　地暖水系统安装 ······························· 38

5　调　试 ·· 43

　5.1　一般规定 ······································· 43

5.2　室内环境测试 ·· 45

5.3　新风量、排风量测试 ·································· 45

5.4　水源热泵多联机系统调试 ······················ 46

5.5　单独控制方式调试 ·································· 46

5.6　集中控制方式调试 ·································· 47

5.7　与智能化系统的联合调试 ······················ 47

5.8　地暖水系统的调试与试运行 ··················· 48

6　验　收 ··· 49

6.1　一般规定 ··· 49

6.2　验收记录 ··· 49

6.3　验收方法 ··· 50

6.4　系统验收 ··· 50

附录 A　工程施工记录、调试及验收表格 ··············· 53

本标准用词说明 ··· 63

引用标准名录 ·· 64

本标准上一版编制单位及人员信息 ······················· 65

条文说明 ·· 67

Contents

1 General provisions ·· 1

2 Terms ··· 2

3 Deepen design ·· 4

   3. 1 Basic requirement ·· 4

   3. 2 Rechecking on unit and performance ···················· 5

   3. 3 Rechecking on piping system ··························· 8

   3. 4 Rechecking on air ducts system ······················· 10

   3. 5 Rechecking on electrical and control system ········· 11

   3. 6 Rechecking on floor heating water system ·········· 12

   3. 7 Rechecking on noise reduction and vibration isolation
   ·· 14

4 Installation ··· 15

   4. 1 Basic requirement ··· 15

   4. 2 Installation of indoor air conditioner ················ 16

   4. 3 Installation of outdoor air conditioner ·············· 17

   4. 4 Installation of refrigerant and heating medium
   pipelines ··· 19

   4. 5 Installation of water source heat pump multi split air
   conditioner ·· 28

   4. 6 Installation of electrical and control system ········ 30

   4. 7 Installation of air handling unit and heat exchange
   ·· 32

   4. 8 Installation of condensed water pipeline ············· 33

   4. 9 Installation of air ducts and accessories ·············· 35

4. 10　Corrosion prevention and heat insulation ············· 37

4. 11　Installation of floor heating water system ········· 38

5　Commission ·· 43

5. 1　Basic requirement ······································· 43

5. 2　Inspection of indoor environment ················· 45

5. 3　Inspection of outdoor, exhaust air volume ········· 45

5. 4　Commission of water source multi-connected split air conditioner (heat pump) ································· 46

5. 5　Commission of separate control mode ············· 46

5. 6　Commission of centralized control mode ········· 47

5. 7　Systematic commission with building automation system ·· 47

5. 8　Commission and test run of floor heating water system ·· 48

6　Acceptance ·· 49

6. 1　Basic requirement ······································· 49

6. 2　Acceptance condition ···································· 49

6. 3　Acceptance rule ·· 50

6. 4　System acceptance ······································· 50

Appendix A　Quality record of installation, commission and acceptance ································· 53

Explanation of wording in this standard ···················· 63

List of quoted standards ······································· 64

Standard-setting units and personnel of the previous version ·· 65

Explanation of provisions ······································· 67

1 总 则

1.0.1 为加强建筑工程质量管理,规范多联式空调(热泵)系统工程和以多联式空调(热泵)机组作为热源的地面辐射供暖系统的深化设计、安装、调试及验收,保证工程质量和安全,制定本标准。

1.0.2 本标准适用于新建、改建、扩建的建筑工程中,多联式空调(热泵)系统工程和以多联式空调(热泵)机组作为热源的地面辐射供暖系统的施工和验收。

1.0.3 多联式空调(热泵)系统工程和以多联式空调(热泵)机组作为热源的地面辐射供暖系统的施工及验收,除应符合本标准外,尚应符合国家、行业和本市现行有关标准的规定。

2 术　语

2.0.1　多联式空调（热泵）系统　multi-split air conditioning（heat pump）system

经过工程设计，并在工程现场用规定管道将一台或数台室外机组和数台室内机组连接、安装组成的空气调节系统。简称多联机系统。

2.0.2　空气源热泵两联供系统　air source heat pump double supply system

以空气源热泵机组作为冷热源，供暖采用热水的辐射末端为主，供冷采用冷水或制冷剂的对流末端为主的一种供暖和供冷的联合系统。

2.0.3　水源热泵多联机　water source heat pump multi-split air conditioning

以水为冷热源，由电动机驱动蒸汽压缩制冷（热）循环的多联式机组。

2.0.4　空气全热回收器　total heat recovery unit

新风和排风之间同时进行显热和潜热交换的设备。

2.0.5　冷（热）媒管道　refrigerant and heating medium pipeline

连接主机与室内机，用于输送换热介质为制冷剂或水的管道。

2.0.6　分歧管　bifurcated pipe

制冷剂管道上用来实现制冷剂分流或合流的专用三通连接管件。

2.0.7　集支管　collected branch pipe

在集管上设有多个支管接口，用来实现管道中制冷剂分流或合流的连接管件。

2.0.8 等效长度 equivalence length

制冷剂管的管道长度与弯头、分歧等配件的当量长度之和。

3 深化设计

3.1 一般规定

3.1.1 多联式空调(热泵)工程在确定技术参数、品牌和签订合同后,应由专业承包单位对设计文件进行深化设计。

3.1.2 深化设计除应符合本标准的规定外,还应按照设计文件、合同约定、相关技术标准、机组的技术性能数据及产品技术文件的规定进行。

3.1.3 深化设计复核的主要内容应包括:

1 机组及性能复核。

2 管道系统复核。

3 风管系统复核。

4 电气与控制系统复核。

5 地暖水系统复核。

6 消声与隔振复核。

3.1.4 深化设计文件中的施工图应包括下列内容:图纸目录;设计与施工说明;设备一览表;主要材料一览表;系统图;平面图(包括空调设备、制冷剂管、水管、风管、电管等);剖面图;室外机基础图;大样图;控制系统图。

3.1.5 深化设计施工图中应标明下列内容:室内机与室外机型号、参数、位置;冷(热)媒管管径、标高;分歧管型号;电管管径、标高;风管道尺寸、标高;室内外排水管管径、坡度;控制器位置;管道系统(制冷剂管、水管、风管)绝热材料的材质、规格、导热系数、燃烧性能;室外机基础尺寸、标高、设备重量等。

3.1.6 深化设计图纸应由设计单位确认后方能作为施工依据,

涉及设计变更的,应经设计单位核准和建设单位同意。

3.1.7 室外机安装时应根据防气流短路、排风通畅等需要对室外机排风设置导流风管,导流风管设置应符合现行国家标准《多联式空调(热泵)机组应用设计与安装要求》GB/T 27941 的有关规定,且应满足进风口、排风管(口)的阻力之和小于室外机组风机的机外静压。

3.1.8 设备安装在屋面或室外平台上时,应采取防雷接地措施。

3.1.9 多联式空调(热泵)系统的室内外管线应进行综合平衡与优化:

    1 室外管线进入室内的位置宜接近室内机系统的中心。

    2 室内外管线走向和标高应与其他机电管线协调,满足安装、维护空间需求,优先保证冷凝水管道坡度。

    3 室外管线应采取可靠的保护措施,跨越管线的位置宜设置跨越过桥梯。

3.1.10 深化设计应与土建、装修及其他机电专业进行协调,以确定设备及管线相关的基础、洞口、电源、检修口等。

3.2 机组及性能复核

3.2.1 空调负荷计算校核应符合现行国家标准《工业建筑供暖通风与空气调节设计规范》GB 50019 和《民用建筑供暖通风与空气调节设计规范》GB 50736 的有关规定。

3.2.2 新风系统风量和冷、热负荷的计算校核除应符合第3.2.1条规定外,还应符合现行国家标准《公共建筑节能设计标准》GB 50189 和现行行业标准《多联机空调系统工程技术规程》JGJ 174 的有关规定。

3.2.3 深化设计应按系统对相应建筑区域或房间的冷、热负荷进行复核计算。

3.2.4 深化设计应按系统对机组配置进行复核计算,并应按照下列步骤进行：

1 根据室内、外计算温度和室内机、室外机的配置率，从产品技术文件中查取室外机对应工况下的制冷量和制热量。

2 计算系统中制冷剂管道的等效长度和室内机、室外机安装的高度差，从产品技术文件中查取相应的制冷量和制热量的综合修正系数以及冬季融霜时制热量修正系数。

3 室外机组的制冷量和制热量应按下式进行修正。

$$Q = Q_R \cdot \alpha \cdot \beta \cdot \delta \qquad (3.2.4\text{-}1)$$

式中：Q——室外机组的实际制冷（热）量（kW）；

$\quad Q_R$——室外机组的名义制冷（热）量（kW）；

$\quad \alpha$——室内、外设计温度和室内、外机组配置率修正系数，采用产品手册的推荐值；

$\quad \beta$——室内、外机组之间的连接管等效长度和安装高差综合修正系数，采用产品手册的推荐值；

$\quad \delta$——制热时的融霜修正系数，采用产品手册的推荐值，在制冷量计算时 $\delta = 1$，水源热泵多联机可不考虑冬季融霜系数。

4 按以下公式计算室内机实际制冷量和制热量：

$$Q_{NL} = \frac{Q_{WL}}{\sum Q_{iL}} Q_L \qquad (3.2.4\text{-}2)$$

$$Q_{NR} = \frac{Q_{WR}}{\sum Q_{iR}} Q_R \qquad (3.2.4\text{-}3)$$

式中：Q_{NL}——室内机实际制冷量（kW）；

$\quad Q_{NR}$——室内机实际制热量（kW）；

$\quad Q_{WL}$——室外机实际制冷量（kW）；

$\quad Q_{WR}$——室外机实际制热量（kW）；

$\quad \sum Q_{iL}$——所有室内机名义制冷量之和（kW）；

$\sum Q_{iR}$——系统所有室内机名义制热量之和(kW)；

Q_L——计算室内机的名义制冷量(kW)；

Q_R——计算室内机的名义制热量(kW)。

5 经计算的室内机实际制冷(热)量小于所需的冷热负荷时,应重新选择室内机,并按上述步骤重新进行计算直至满足要求。

3.2.5 室外机连接室内机的数量、内外机配置率不应超过产品的技术规定。

3.2.6 室外机的布置应符合产品技术文件要求,且应符合下列规定:

1 室外机运转引起的环境噪声应符合上海市对区域环境噪声的规定;排风应远离周围建筑的窗户、取风口或人员活动的场所。

2 在临近人行道的建筑物上安装室外机,当室外机与临近人行道水平距离小于 3 m 时,安装架底部距室外地面的高度宜为 2.5 m 及以上,最低不得低于 1.9 m,且室外机周边应有防护措施。

3 室外机不得安装在多尘、化学污染严重、有害气体成分高的区域。

4 室外机四周应留有足够气流空间供主机散热,应按产品技术文件要求留有一定的维修和操作空间,并考虑季风和楼群风对室外机组的影响。

5 室外机可采用上、下堆叠的方式进行安装,以减少设备占地面积,上层设备基座底面与下层设备顶部间距应留出安装及维修的空间,并符合产品技术文件的要求。

6 多台室外机安装时应采用专用的分歧管组件,并根据连接主机的台数来选择分歧管的大小。

7 水源热泵多联机的主机安装位置应符合下列要求:

　　1) 主机应安装在干燥机房内,避免阳光直射和高温热源直接辐射,远离电磁波辐射,并不得放置于有酸性、碱性等腐蚀性气体和汽油、油漆溶剂等挥发性易燃气体的场所。

2）主机所处环境温度应符合产品技术文件的要求，当安装在完全密闭室内时应设置机械通风。

3.2.7　室内机的布置应符合产品技术文件要求，且应符合下列规定：

　　1　室内机的布置在满足使用功能的条件下，按照装修设计的要求进行定位。

　　2　室内机及其连接管路的安装位置不得位于机柜（箱）或精密仪器正上方。

　　3　室内机的配管侧和接线盒侧应留有足够的维修空间。封闭式吊顶应留有检修口，尺寸宜为 450 mm×450 mm；当室内机采用吊顶空间回风时，可采用回风口作为检修口。

3.2.8　新风处理机组和空气全热回收器安装应与土建、装修及其他机电专业相互协调，合理布置，并符合产品技术文件的要求。

3.3　管道系统复核

3.3.1　制冷剂管道应进行以下复核，以达到合理控制系统制冷、制热能力的衰减，并满足设计及产品技术文件的要求：

　　1　对室外机至最远端室内机之间的制冷剂管道的等效长度进行复核。

　　2　对第一分歧管至最远端室内机之间的制冷剂管道的等效长度进行复核。

　　3　对室内机之间及室外机与室内机之间的安装高度差进行复核。

3.3.2　制冷剂管道的配置应符合下列规定：

　　1　制冷剂管道、分歧管的管径应按下列要求确定：

　　　　1）室外机组与分歧管之间，管径应根据系统所有室内机的总容量确定。当计算结果小于或等于室外机组制冷剂管道接口管径时，应与室外机组制冷剂管道接口相同。

2）分歧管与分歧管之间,管径应根据其后面连接的所有室内机组的总容量确定。

3）分歧管与室内机组之间,管径应与室内机管道接口尺寸相同。

4）制冷剂管道超过一定长度后,应根据产品技术文件要求增大管径。

2 制冷剂管道的等效长度按下列要求确定:

计算室外机组和室内机组之间的连接管最大等效长度时,可根据连接管局部阻力部件所对应的等效长度由产品制造商给定,或按表3.3.2的推荐值进行计算。

表3.3.2 局部阻力部件的等效长度推荐值

外径 Φ (mm)	等效长度（m）				
	弯管	存油弯头	分歧管	集支管	
6.4	—	—		下游各室内机名义制冷量之和小于78 kW	1.0
9.5	0.18	1.3			
12.7	0.20	1.5		下游各室内机名义制冷量之和为78 kW～84 kW	2.0
15.9	0.25	2.0			
19.1	0.35	2.4		下游各室内机名义制冷量之和为84 kW～98 kW	3.0
22.2	0.40	3.0			
25.4	0.45	3.4	0.5	下游各室内机名义制冷量之和大于98 kW	4.0
28.6	0.50	3.7			
31.8	0.55	4.0			
34.9	0.60	4.5			
38.1	0.65	4.7		—	—
41.3	0.70	5.0			
44.6	0.75	5.4			
54.2	0.80	5.7			

注:"弯管"是指具有一定弯曲半径的配管;其他管径的局部阻力部件的等效长度采用线性插值方式进行计算。

3.3.3 空气源热泵两联供系统的空调供回水系统应进行水力计算，以复核水泵的扬程。

3.3.4 水源热泵多联机的水系统复核应符合下列要求：

1 水源热泵多联机的水系统管道复核应符合现行国家标准《工业建筑供暖通风与空气调节设计规范》GB 50019 和《民用建筑供暖通风与空气调节设计规范》GB 50736 的有关规定。

2 水源热泵多联机水系统冷（热）源的水量、水温和水质条件，应满足产品技术文件的要求。

3 水系统管道的走向和标高应布置合理，并留有足够的操作和维修空间。

4 水泵或主机前端设备的进水管上应安装 Y 形过滤器，滤网不宜小于 40 目/英寸；机组出水管应安装压力表、温度计、水流开关；机组的进出水管上应安装阀门，在水系统最低点应设置排污泄水阀，最高点应设置排气阀。

3.3.5 冷（热）媒管道的标高、坐标及走向应根据吊顶标高、梁底标高以及吊顶内其他管线的位置确定，并应方便安装与维修。

3.3.6 冷凝水管道的规格、走向、坡度和排放应符合设计要求。

3.3.7 冷（热）媒管道、冷凝水管道的绝热层、绝热防潮层和保护层，应采用不燃或难燃 B1 级材料，其技术参数应符合设计和现行国家及行业标准的规定。

3.4 风管系统复核

3.4.1 各类风管的材质、规格、厚度应满足设计文件要求；复合材料风管的覆面材料、内部绝热材料应为不燃材料。

3.4.2 新风系统进风口应远离污浊空气排出口，且有防雨、防虫措施。

3.4.3 新风处理设备进风口前应设置空气过滤器，过滤器安装位置应方便维护。

3.4.4 风管式室内机的送、回风口尺寸和位置,需根据装修图要求布置,且应满足气流组织的要求;回风管(口)应设置过滤器,并符合下列要求:

1 室内机回风不宜采用吊顶空间回风。

2 当条件受限必须采用吊顶空间回风时,此回风吊顶区域与相邻吊顶区域之间应封闭。

3.4.5 风管道的绝热层应采用不燃或难燃 B1 级材料,其技术参数应符合设计要求和现行国家及行业标准的规定。

3.5 电气与控制系统复核

3.5.1 配电系统的复核应符合现行国家标准《民用建筑电气设计标准》GB 51348 的有关规定,并符合下列要求:

1 配电系统容量配置的复核,应根据产品技术文件中的空调机组最大运行电流计算,并有一定余量。

2 配电线路导线截面积的复核计算,应按照用电负荷、最大电流、线路长度、导线材质和最不利工况进行。

3 室外机和与之同一系统中的室内机宜设置带过电压、过电流保护的漏电断路器,并应符合下列规定:

 1)断路器和漏电保护器开关容量根据脱扣整定容量的最大电流和室外机启动方式而定,宜为最大运行电流的 1.25 倍～1.5 倍,或根据产品技术文件要求选定。

 2)室外机前端的供电线路应安装电源浪涌保护器(SPD)。

 3)室外机的电源宜单独设置。

 4)同一系统中的所有室内机的电源应在同一供电回路上。

 5)使用三相电源的设备,应选用三相四极漏电断路器。

3.5.2 室外机的接地保护以及室外机区域的防雷措施应按现行国家标准《民用建筑电气设计标准》GB 51348 的有关规定进行复核。

3.5.3 室内外机之间的通信连接形式应符合产品技术文件的要求。

3.5.4 建筑物的每个区域或房间应配置线控器,线控器的位置应满足使用要求;大、中型工程宜配置集中控制器或日程控制器;控制设备的配置应符合产品技术文件的要求。

3.5.5 多联式空调(热泵)系统应按照建设单位要求配置分户电量计费模块和远程监控网端等。

3.5.6 控制线缆应采用屏蔽线,且其材质、规格、型号应符合产品技术文件的要求。

3.5.7 室内外动力电缆与控制线缆应分开敷设。

3.6 地暖水系统复核

3.6.1 辐射供热负荷选型复核应符合现行行业标准《辐射供暖供冷技术规程》JGJ 142 的有关规定。

3.6.2 热源部分选型应满足辐射供热部分的负荷能力需求。局部地面辐射供暖系统的热负荷应按全面辐射供暖的热负荷乘以表 3.6.2 的计算系数的方法确定。

表 3.6.2 局部地面辐射供热负荷计算系数

供暖区面积与房间总面积的比值 K	$K \geqslant 0.75$	$K = 0.55$	$K = 0.40$	$K = 0.25$	$K \leqslant 0.20$
计算系数	1	0.72	0.54	0.38	0.30

3.6.3 热水输送系统复核应满足下列要求:

1 应依据分水器、集水器产品技术文件,深化和校核补水、排水接口配管和路由。

2 应根据安装位置的最低环境温度,充分考虑热水管路的防冻保护。

3 应根据采暖负荷、设计环境温度、热源温度和最高工作压力,校核加热管的敷设间距和供暖板的铺设面积是否符合规范和产品使用要求,并对盘管型式进行优化。

    4 分水器、集水器复核应满足下列要求:

      1)分水器、集水器(含连接件等)的材料宜为铜质。

      2)分水器、集水器宜安装在厨房、卫生间、楼梯下或设备间等易于检修位置,不得安装在衣帽间或室外。

      3)分水器、集水器附近应配置一个专用的单相三孔插座。

      4)分水器、集水器的供、回水管两端应安装压力表、排气阀。

      5)每个回路加热管的进、出口应分别与分水器、集水器相连接;分水器、集水器内径不应小于总供、回水管内径,且分水器、集水器最大断面流速不宜大于 0.8 m/s;每个分水器、集水器分支回路不宜多于 8 路;每个分支回路供回水管上均应设置可关断阀门。

      6)在分水器之前的供水连接管道上,顺水流方向应安装阀门、过滤器、阀门及泄水管;在集水器之后的回水连接管上,应安装泄水管并加装平衡阀或其他可关断调节阀。

      7)在分水器的总供水管与集水器的总回水管之间宜设置旁通管,旁通管上应设置阀门。

      8)居民用户应按户单独配置分水器、集水器,户内的各主要房间宜分回路布置加热管。

      9)每套分水器、集水器回路的总压力损失不宜超过 30 kPa。

    5 应根据地暖水系统型式和管道材质,校核水泵流量、扬程是否符合设计要求;校核系统定压值是否符合管道系统的承压要求。

3.6.4 室内温度应分区控制,实现手动或自动控制功能。

3.6.5 各系统管路的铺设、连接应留有足够的操作和维修的空间。

3.6.6 卫生间、洗衣间、浴室和游泳馆等潮湿房间,在填充层上部应设置隔离层。

3.6.7 热媒宜使用软化水。

3.6.8 加热管规格应在现行行业标准《辐射供暖供冷技术规程》JGJ 142 附录 B 和附录 C 规定范围内;所有水管管材的承压压力应不小于 1.0 MPa。

3.7 消声与隔振复核

3.7.1 多联式空调(热泵)系统运行产生的噪声,应符合现行国家标准《民用建筑隔声设计规范》GB 50118、《工业企业噪声控制设计规范》GB/T 50087、《声环境质量标准》GB 3096、《工业企业厂界环境噪声排放标准》GB 12348 等的有关规定。

3.7.2 多联式空调(热泵)系统室外机的安装位置不宜靠近对噪声、振动隔离要求高的房间,当不能满足要求时,应采取减振降噪措施。

3.7.3 当多联式空调(热泵)系统室内机或送、回风口产生的噪声不能满足允许的噪声标准时,应采取减振降噪措施。

3.7.4 减振降噪措施的选择应符合现行国家标准《民用建筑供暖通风与空气调节设计规范》GB 50736、《工业建筑供暖通风与空气调节设计规范》GB 50019 等的有关规定。

4 安 装

4.1 一般规定

4.1.1 室内机、室外机的进场验收应符合下列规定：

1 进场的设备进出口密封良好，随机的零部件应无缺损，随机文件应齐全。

2 设备的型号、规格、性能及技术参数等应符合设计文件要求。

3 设备外形应规则、平直，弧形表面应平整，结构完整，无缺损和变形。设备结构表面应无明显的划痕、锈斑和剥落现象。

4 非金属设备的构件材质应符合使用场所的环境要求，表面涂层光滑、完整、均匀。

4.1.2 管道的进场验收应符合下列规定：

1 水管及配件的材质、规格及性能应符合设计文件、国家现行标准和产品技术文件的规定，不得采用国家明令禁止使用或淘汰的材料。

2 制冷剂管道及配件的材质、规格应符合设计文件和现行国家标准《空调与制冷设备用铜及铜合金无缝管》GB/T 17791 的要求，并应符合设备制造商技术文件规定，且有材料质量证明文件。

3 制冷剂管道及配件内外表面应清洁、干燥，无裂痕、针孔，无明显的压扁、损伤、凹痕及斑点等缺陷。

4.1.3 室内机、室外机的安装应与土建、装修及其他机电专业相互协调，并符合产品技术文件的要求。

4.1.4 多联机空调系统安装应符合现行行业标准《多联机空调

系统工程技术规程》JGJ 174 的有关规定。

4.2 室内机安装

4.2.1 室内机安装应符合下列规定：

1 室内机应根据建筑基准线和装修吊顶放线位置定位。

2 室内机应水平安装，吊装后其敞开的送风口、回风口应做防尘保护。

3 室内机安装应确保气流通畅无阻碍，气流分布均匀，无气流短路；同一台室内机的送风口、回风口应在同一空间内。

4 室内机的配管侧和接线盒侧应留有维修空间。

5 落地机组应放置在平整的基础上，基础宜高于地面 100 mm～200 mm，机组落地安装应采取减振措施。

4.2.2 室内机支、吊架安装应符合下列规定：

1 室内机应单独设置支、吊架，不得与其他设备、管线共用。

2 现浇顶板（楼板）上采用通丝金属吊杆固定室内机应符合下列规定：

1）吊杆直径不得小于 10 mm，强度应可承受设备的运行重量。

2）螺纹吊杆与横担连接处的上侧采用一个螺母固定，下侧采用两个螺母固定防松。

3）吊杆长度超过 1.2 m 时，应采取防晃动措施。

4）通丝吊杆的实际使用拉力应按表 4.2.2 中允许拉力的 50%～70%取值。

表 4.2.2　通丝吊杆的允许承载拉力

通丝吊杆直径(mm)	Φ10	Φ12	Φ16
允许拉力(N)	3 000	4 800	9 600

4.2.3 室内机和风管之间宜采用柔性短管连接，并应符合下列

规定：

1 柔性短管应选用抗腐、防潮、不透气、不易霉变的不燃或难燃材料制作。

2 柔性短管长度宜为 150 mm～250 mm，接缝的缝制或粘贴应牢固、可靠，不应有开裂。

3 柔性短管的安装位置应保持与风管的同心度，宽度一致，松紧适度，不得扭曲或作调整偏差使用。

4.3 室外机安装

4.3.1 室外机的基础应符合下列规定：

1 室外机可采用混凝土或钢构架基础，专业承包单位应向土建单位提交室外机混凝土基础的外形尺寸、定位尺寸、高度、设备重量等要求。

2 室外机的固定螺栓型号应符合产品技术文件的要求。

3 室外机的混凝土基础应符合下列规定：

1）基础强度应满足机组载荷及固定的要求，混凝土配比应为 C20 及以上。

2）基础应高于建筑完成面 200 mm，易积雪地区应按积雪高度适当加高。布置在室内时，应高于楼层完成面 100 mm。

3）基础上表面应保证水平，螺栓预留孔应准确定位。

4）基础周边宜设排水槽。

4 室外机的钢构架基础应符合下列要求：

1）基础采用型钢焊接，且型钢应经过计算确定选型、构架形式和节点做法，满足承载要求；落地式基础型钢应做好防腐处理，挂壁式基础型钢宜采用不锈钢钢架及配件。

2）基础上表面应保证水平，各连接节点应焊接牢固。

3）基础与室外机底座之间的接触面应均匀承重。

4）钢构架基础自身应固定牢靠，不应松动和振动。

5）基础周围应有防水措施，基础底部区域应有排水措施。

4.3.2 室外机安装应符合下列规定：

1 室外机在运输及吊装时应保持机身的垂直，最大倾斜角不应超过30°，且应轻放，并保持外包装的严密完整。

2 室外机安装应保证水平度，应采用热镀锌螺栓或不锈钢螺栓与基础固定，螺栓固定应有防松措施，螺栓露出螺母2～3丝扣。

3 室外机宜单台安装，固定应有减振措施，采用橡胶减振垫时，其型号、规格应经计算确定，并满足设备技术文件的要求；两台及以上室外机共用钢构架基础时，每台设备均应单独设置减振措施，不得采用钢构架共用减振措施。

4 室外机安装固定在墙体上时，应校核墙体的强度；悬臂架的结构和强度应符合设计和产品技术文件的要求。

5 室外机安装应按照深化设计图采取有效的防气流短路和保证排风通畅的措施，如设置导流风管，其安装应符合本标准第4.9节的相关规定。

6 室外机安装完毕但未进行下道工序前，应清理内外杂物，并保留随机包装物进行产品保护。

7 室外机安装完毕调试前，不得将室外机回气管、供液管的截止阀打开。

4.3.3 室外机的组件装配和焊接应符合下列规定：

1 室外机的组件装配可采用法兰形式或焊接形式，且均应符合产品的技术要求。

2 室外机模块连接时，室外管道分歧管应保持水平。

3 应使用随机附带的连接配件，连接配件前面的直管长度应不小于500 mm。

4.4　冷(热)媒管道安装

4.4.1　冷(热)媒管道的选用和保管应符合下列规定：

　　1　制冷剂管道订货应考虑减少焊接量，可按表 4.4.1 选用直管或盘管。

表 4.4.1　制冷剂管道按管径选取管材表

外径(mm)	管材形式
$\Phi6.4\sim\Phi19.1$	盘管
$\Phi19.1\sim\Phi67.0$	直管
$\geqslant\Phi67.0$	直管

注：外径 Φ19.1 mm 制冷剂管道管材为盘管或直管形式，为减少焊接量，施工过程中
　　应尽量采用盘管形式。

　　2　冷(热)媒管道两端应密封保管，宜存放在离地高度不小于 300 mm 的台架上，并应在储存及施工中保持干燥、清洁。

4.4.2　冷(热)媒管道的竖向敷设应符合下列规定：

　　1　冷(热)媒管道宜在单独井道敷设。多根立管并列敷设时，管道外表面距墙、距相邻立管外表面应在 120 mm 以上，并留有检修空间。

　　2　多层建筑中，宜敷设在走廊、卫生间等共用区域角落处。

　　3　垂直管道不得直接穿越屋面敷设，宜在凸出屋面防雨竖井的侧面引出，引出部位应做好密封、防雨水渗入的措施，引出高度应高于屋面 300 mm。

　　4　垂直管道在穿越各层楼板时，应预留套管，套管底部应与楼板底面平齐，顶部高出完成面 20 mm～50 mm，套管与管道之间缝隙应用阻燃密实材料和防水油膏填实。

　　5　当室外机高于室内机安装，且连接二者的制冷剂垂直管道长度超过产品技术文件规定长度时，应安装存油弯。

4.4.3 冷(热)媒管道的水平敷设应符合下列规定：

1 室内水平管道宜敷设于走廊吊顶内，其外表面距墙、距相邻管线外表面应大于 120 mm。

2 室外水平管道沿屋面(地面)敷设时，绝热后的管底距屋面(地面)高度不宜小于 300 mm，室外管道应采用槽盒、管槽等硬质保护措施，或其他有效保护措施。

3 敷设在室外机与垂直管道之间的冷(热)媒管道应减少弯曲部分。

4 液管不得向上装成"∩"形，气管不得向下装成"∪"形。

5 冷(热)媒管道穿越隔墙应设套管，套管长度应与墙体厚度相等，套管内间隙用阻燃密实材料填实，穿越的墙体套管不得用于管路支撑。

6 冷(热)媒管道穿越建筑变形缝时，应采用金属软管连接或做方形补偿器，管道绝热后上、下部留有不小于 150 mm 的净空。

7 冷(热)媒管道与室内机连接应保证与机组接线盒间留有充足的维修空间，其正面距离宜不小于 500 mm(图 4.4.3)。

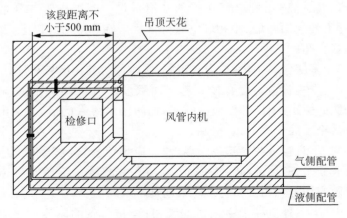

图 4.4.3 冷(热)媒管道与室内机连接示意图

冷(热)媒管道穿越建筑变形缝时,制冷剂管道考虑密封性,一般不采用金属软连接的安装方式,而应采用铜管制作方形补偿器的安装方式。

4.4.4 冷(热)媒管道支架安装应符合下列规定:

1 室内水平管道宜采用吊架,室外水平管道宜采用支、吊架固定。

2 气、液管宜并行共架敷设,支、吊架间距宜按液管直径的最大间距选取,支、吊架最大间距应符合表4.4.4的规定。

表4.4.4 支、吊架间距

配管直径(mm)	≤20	20～40	≥40
水平管道间距(m)	1.0	1.5	2.0
垂直管道间距(m)	1.5	2.0	2.5

3 固定室内水平管道支架时,U形抱箍与绝热层之间应衬垫宽度不小于50 mm的半硬材料。

4 固定垂直管道支架时,U形抱箍宜采用扁钢制作,抱箍处宜使用经防腐处理过的圆木垫代替绝热材料;垂直管道抱箍支架应间隔不完全夹紧。

5 室外机接出的制冷剂管道,应在接出口300 mm～500 mm处设固定支架,距离分歧管前后、喇叭口300 mm～500 mm处应设固定支架。

4.4.5 制冷剂管道的焊缝和扩口螺母不得置于预留钢套管内。制冷剂管道除管件处外不得有接头,管件连接应采用套管式焊接,不得采用对接或喇叭口对接。

4.4.6 分歧管、集支管安装应符合下列规定:

1 分歧管和集支管应按照设计和产品技术文件要求确认型号及规格,不得用三通代替。

2 分歧管应水平或竖向放置,水平放置时倾角应在±10°以内,放置准确后充氮焊接(图4.4.6-1)。

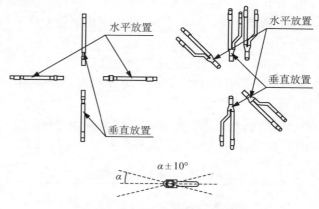

α±10°

图 4.4.6-1 分歧管安装示意图

3 集支管不得用于垂直方向,水平放置时倾角应在±10°以内。集支管有多余分支时,管口应焊接密封。较长的集支管绝热后,应用吊架或悬臂架支撑,吊架或悬臂架应按产品技术文件的要求进行安装。

4 室内制冷剂管道支管较多时,应贴上与室内机(或房间)编号相对应的标签。

5 室内制冷剂管道转弯处与相邻分歧管间的水平直管段长度、相邻两分歧管间的水平直管段长度、分歧管后连接室内机的水平直管段长度宜不小于 500 mm(图 4.4.6-2)。

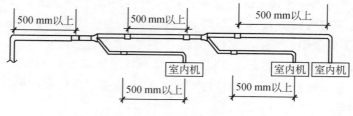

图 4.4.6-2 分歧管布置图

6 同一系统并联的室外机如安装在同一水平面上,其并联的分歧管(U 形和 T 形)应安装在同一水平面上;室外机如安装在不同水平面上,应按产品技术文件的要求进行安装。

4.4.7 制冷剂管道组件装配和焊接应符合下列规定:

1 管道的切割应采用割管器,并缓慢地加力进刀,切割后无缩口、变形现象。

2 铜管端口毛刺应清除,清扫管内并整修管端;作业时管端口应向下倾斜将管内铜屑彻底清理干净。整修时端口边及内面应无缺口、无伤痕。

3 承插钎焊接头加工的连接部位应光滑平整,铜管与承插钎焊接头间隙均匀,装配正确(图 4.4.7)。装配的间隙尺寸应符合表 4.4.7-1 的规定。

钎焊

图 4.4.7　制冷剂管道组件装配形式

表 4.4.7-1　铜管接头的最小嵌入深度与间隙

类　型	管外径 D (mm)	最小嵌入深度 B (mm)	间隙尺寸 (mm)
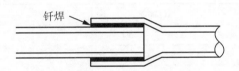	5<D≤8	6	0.05~0.21
	8<D≤12	7	0.05~0.21
	12<D≤16	8	0.05~0.27
	16<D≤25	10	0.05~0.27
	25<D≤35	12	0.05~0.35
	35<D≤45	14	0.05~0.35

4 铜管应在退火处理后扩喇叭口,并用扭矩扳手以合适的扭矩来紧固扩口螺母。扩口加工完成后表面应无裂缝或变形等

损伤。扭矩可按表 4.4.7-2 选取,扩口尺寸宜符合表 4.4.7-3 的规定。

表 4.4.7-2　铜管扩口参考扭矩

管径(mm)/(in)	扭矩	
	（N/cm）	（kg/cm）
6.4(1/4″)	1 420～1 720	144～176
9.5(3/8″)	3 270～3 990	333～407
12.7(1/2″)	4 950～6 030	504～616
15.9(5/8″)	6 180～7 540	630～770
19.1(3/4″)	9 270～11 860	990～1 210

表 4.4.7-3　扩口尺寸

管径(mm)/(in)	R410A	扩 口 图 例
	扩口尺寸 A(mm)	
6.4(1/4″)	8.7～9.7	
9.5(3/8″)	12.8～13.2	
12.7(1/2″)	16.2～16.6	
15.9(5/8″)	19.3～19.7	
19.1(3/4″)	23.6～24.0	

　　5　铜管的弯管加工应采用机械方式,配管弯曲半径应大于 $3.5D$。弯管加工应满足以下规定:

　　1）弯管加工时,铜管的内侧不应有皱纹或变形。

　　2）弹簧弯管插入铜管时应保持弯管器清洁。

　　3）弹簧弯管后成型弯头角度应不小于 $90°$。

　　4）弯管加工不得使铜管弯曲处凹陷,弯曲部分的直径应不小于原直径的 3/4。

　　6　铜管钎焊应符合现行国家标准《现场设备、工业管道焊接工程施工规范》GB 50236 的有关规定,并应符合下列规定:

1）钎焊材料应采用铜基钎料（铜磷钎料）或银基钎料。受一定振动和冲击的管路应采用含银量不小于 4.8% 的铜磷钎料，可根据产品技术文件要求按现行国家标准《铜基钎料》GB/T 6418 进行选择。受振动、冲击较大及压力较高的管道，应使用含银量高的银基钎料。具体选用可根据产品技术文件要求按现行国家标准《银钎料》GB/T 10046 进行选择。

2）焊接前应去除焊口油污和污物，清除时铜管焊口应向下；可采用化学清理。焊接完毕后应用浓度为 8% 的明矾水清洗焊口，然后涂清漆保护焊口。

3）铜管钎焊应采用承插钎焊接头或连接管件插入式焊接，焊口对接应保证承插钎焊接头或管件与插入铜管的四周间隙均匀。采用固定装配设施时，应一端固定紧固，另一端基本定位并能在焊接和冷却时自由伸缩。

4）钎焊时铜管内应充氮保护，采用流量计时宜控制在 3 L/min～4 L/min，采用减压阀时氮气压力宜控制在 0.02 MPa～0.03 MPa。氮气应在焊接完毕且冷却后方可切断。

5）焊接温度应控制在钎料所允许的范围内。

6）环境温度较低时，焊前可稍作预热，焊后应使焊缝缓慢冷却。

7）钎焊工作应由有资质的焊工经钎焊培训合格后方可进场操作。

4.4.8　铜管的焊接、加热及弯曲不得在管道内制冷剂未排空的情况下进行。

4.4.9　制冷剂管道的气密性试验应符合下列规定：

1　制冷剂管道的气密性试验应符合整体保压、分级加压的原则。气密性试验应采用干燥氮气加压，不得采用氧气、可燃性气体和有毒气体。

2 气密性试验顺序应符合下列要求：

1）室内机配管连接后将气管与液管以 U 形管连接，同时用氮气打压。

2）安装减压阀同氮气气源连接，并应从减压阀减压端连接气管或者液管充入氮气。

3）气密性试验合格后，应将配管与外机连接并对整个系统再次进行气密性试验。

3 气密性试验操作应符合下列规定：

1）气密性试验时，气、液管的阀门应保持全闭状态，不得连接低压球阀打压。

2）气密性试验应从气、液管两侧同时缓慢地加压，不得从一侧加压。

3）气密性试验加压分段控制要求应符合表 4.4.9 的规定。

表 4.4.9　R410A 气密性试验加压分段控制表

序号	分阶段加压	标准
1	第一阶段加压不小于 0.5 MPa，保压 3 min 以上	压力无下降
2	第二阶段加压至 3.0 MPa 及以上，保压 3 min 以上	压力无下降
3	第三阶段加压至 4.0 MPa 及以上，保压 24 h 以上	经温度修正后压力无下降

4 压力观察及处理应符合下列规定：

1）制冷剂管道加压至第三阶段压力并维持 24 h，压力降经温度修正后不应大于试验压力的 1%。当压力降超过以上规定时，应查出漏点予以修补，并应重新试验，直至合格。

2）24 h 后压力降修正计算应符合现行行业标准《多联机空调系统工程技术规程》JGJ 174 中相应规定。

3）查找漏点方式宜包括：听感检漏、手触检漏、肥皂水检漏。以上方法无法检漏时可采用探测仪检漏。

4）保压读数前应静置几分钟,压力稳定后再记录温度、压力值和时间。保压结束后,应将系统压力释放至0.5 MPa～0.8 MPa再保压封存。

4.4.10 制冷剂管道的真空除湿应符合下列规定:

1 制冷剂管道的真空除湿应在管道气密性试验完成之后、管道加液之前进行。

2 制冷剂管道的真空试验应选择合适的真空计量量程,采用的真空泵应达到1.3 kPa绝对压力和2 L/s以上排气量。

3 制冷剂管道真空试验时,应将测量仪接在液侧和气侧的注氟嘴处,真空泵运转2 h以上。当绝对压力达不到1.3 kPa时,应继续抽吸1 h,仍达不到要求的真空度,应查漏补焊,直至合格。抽吸达到1.3 kPa绝对压力后,放置0.5 h,真空表指示不变为合格。如仍达不到要求,应继续查漏补焊,直至合格后方可加液。

4 当设计另有要求制冷剂管道采用除湿真空干燥法时,应在真空试验合格之后充入氮气,利用干燥的氮气带走管路内的水分,再重复进行真空试验,直至合格。

4.4.11 制冷剂管道加液应符合下列规定:

1 加液时应以液管管径、长度为追加制冷剂量的计算依据,并按产品技术文件的要求进行计算后充填。

2 作业时应使用专用充填软管连接制冷剂钢瓶、压力表及室外机的检修阀。充填前应将软管及压力表支管中的空气排出。追加的制冷剂量可记在室外机的追加指示铭板上。

3 气温较低时,可用温水或热风对制冷剂钢瓶加温,不得用火焰直接加热。

4 R410A填充应符合下列规定:

1）真空泵装有止回阀或使用带止回阀的真空泵。

2）采用高、低压表。高压表量程应在－0.1 MPa～5.3 MPa,低压表量程应在－0.1 MPa～3.5 MPa。

3）充填软管与充填接头使用 R410A 专用表组件。

4）制冷剂充注以液态方式充注到管道系统内。

5）采用与 R410A 匹配的检漏仪。

4.4.12 空气源热泵两联供系统的空调供回水管道及附件的安装应满足现行国家标准《通风与空调工程施工质量验收规范》GB 50243、《建筑给水排水及采暖工程施工质量验收规范》GB 50242、《通风与空调工程施工规范》GB 50738 的有关规定，并应符合以下规定：

1 水管系统中水阀、水过滤器、水流量开关、压力表等各种附件的安装应符合设计和产品技术文件的要求。

2 水管系统中应设置膨胀水箱，以适应供水系统中因水温变化造成的水压波动。膨胀水箱的安装应符合设计和产品技术文件的要求。

3 水管系统的最低点和需要放水设备的下部应安装排水管及排水阀门，并接入地漏或漏斗。

4 水管系统水压试验采用压力表的精度应大于 0.01 MPa。当水管系统与主机板式换热器一起保压时，水压最大不得超过板式换热器的最高工作压力。

4.5 水源热泵多联机安装

4.5.1 主机安装应符合下列规定：

1 主机基础应符合本标准第 4.3.1 条的规定。

2 主机制冷剂侧的配管应按产品技术文件要求引入主机，并设置阻油弯。

3 吊运主机时不宜拆卸包装；在无包装搬运时，应用垫板或包装物进行保护。

4 吊装时应保持机器平衡，垂直向上、安全平稳地提升；搬运时倾斜角度不应大于 30°。

4.5.2 水源侧水系统安装应符合下列规定：

1 金属管道连接，当管径小于 DN100 时，宜采用丝扣连接；当管径大于或等于 DN100 时，宜采用沟槽卡箍式或法兰连接。

2 水源侧管道、管配件，以及阀门、过滤器、水流开关、板式热交换器（不含闭式冷却塔）、柔性接口等连接部件和附属设备的型号、规格、材质及连接形式应符合设计要求；当设计无要求时，部件和附属设备应与主机系统匹配，并满足使用功能的要求。

3 管道与主机的连接应符合下列规定：

　　1）管道与主机的连接应在主机安装完毕后进行，与主机的接管应为柔性接口，柔性接口应在自然状态安装，不得强行对口连接，径向、轴向偏差不宜大于 2 mm。

　　2）柔性接口宜设置在水平位置；主机出口至柔性接管间设置管道支架的，应保证该段管道与主机同步振动，柔性接口后连接的管道应设置独立支架。

4 管道和管件在安装前，应清除内、外壁的污物和锈蚀；当管道安装作业间断时，应及时封闭敞开的管口。

5 固定在建筑结构上的管道支、吊架，不得影响结构的安全。管道穿越墙体或楼板处应设钢制套管，管道接口不得置于套管内；钢制套管应与墙体饰面或楼板底部平齐，楼板上部应高出楼层地面 20 mm～50 mm，且不得将套管作为管道支撑。

6 阀门、自动排气装置及水过滤器（除污器）等管道部件安装应符合设计文件要求，并应符合下列规定：

　　1）阀门安装的位置、进出口方向应正确，并便于操作；连接应牢固紧密、启闭灵活。

　　2）电动自控阀门在安装前应进行阀体的开启、关闭等动作试验。

　　3）水过滤器（除污器）与管道连接应牢固、严密，方向正确；安装位置应便于滤网的拆装和清洗。

7 当管道系统安装完毕、外观检查合格后,应按设计要求进行强度及严密性试验。当设计无要求时,强度及严密性试验应符合下列规定:

  1）当工作压力不大于 1.0 MPa 时,试验压力为 1.5 倍工作压力,但最低不低于 0.6 MPa。

  2）当工作压力大于 1.0 MPa 时,试验压力为工作压力加 0.5 MPa。

  3）稳压 10 min 内压力降不大于 0.02 MPa 为合格,然后应将系统压力降至工作压力,外观检查无渗漏为合格。

8 系统应进行冲洗,目测出水口水清、无污物杂质,循环试运行 2 h 以上且水质正常后方可与主机相贯通。

4.5.3 室内机及制冷剂管道安装应符合本标准第 4.2 节、第 4.4 节的规定。

4.6 电气与控制系统安装

4.6.1 电气系统安装前提条件应符合下列规定:

1 电气系统的设备、材料进场验收和安装应符合现行国家标准《建筑电气工程施工质量验收规范》GB 50303 的有关规定。

2 室内机的电源可不与室外机配置于同一供电系统,但同一系统的室外机或同一系统的室内机应设在同一个电源回路内,并统一供电。

3 室外机的电源电缆引出位置和安装方式应符合产品技术文件的要求。

4.6.2 电气线路敷设应符合下列规定:

1 电气支架应安装牢固、尺寸准确,成排支架应平整。

2 金属导管安装应符合下列规定:

  1）钢导管不得对口熔焊连接,镀锌钢导管及壁厚小于或等于 2 mm 的钢导管,不得采用套管熔焊连接。

2）紧定式钢导管、套接扣压式薄壁钢导管的壁厚及连接应符合设计要求及现行国家和行业标准的有关规定。

3）紧定式钢导管和套接扣压式薄壁钢导管不得用于室外露天场地、潮湿场地或埋地部位。

3 室外导管敷设应符合下列规定：

1）对于埋地敷设的钢导管，埋设深度应符合设计要求，钢导管的壁厚应大于 2 mm。

2）导管的管口不应敞口垂直向上，导管管口应在盒（箱）内或导管端部设置防水弯。

3）导管的管口在穿入绝缘导线、电缆后应做密封处理。

4 塑料导管与金属导管不得在同一电路系统内混合使用。

5 室外机电源线应单独设置路由，不得与冷（热）媒管道同槽敷设。

4.6.3 配电箱（柜）、控制箱（柜）的安装应符合下列规定：

1 进入配电箱（柜）、控制箱（柜）内的导线应连接紧密、配线整齐，无绞接现象；同一端子上的导线连接应不多于 2 根，且导线截面积相同。

2 与配电箱（柜）、控制箱（柜）连接的槽盒、电管的接地线应引入箱（柜）内接地（PE）汇流排，或就近与接地干线连接。

3 配电箱（柜）、控制箱（柜）与槽盒、电管接缝处应封堵，并有连接口保护措施。

4 配电箱（柜）、控制箱（柜）进出电缆应挂标识牌；控制器件回路编号齐全，标识正确。

4.6.4 电源电缆连接应符合下列规定：

1 电源电缆规格应符合设计和产品技术文件的要求。

2 电源电缆连接到配线端子板前应固定牢固，并应使用专用压线端子进行连接，紧固后配线板应不承受外力。

3 电源电缆连接完成后，接线盒中的所有电气部件应紧固无松动。

4.6.5 防雷和接地安装应符合下列规定：

1 空调机组外壳、钢结构底座、楼梯平台以及屋面冷(热)媒管道的金属保护壳或金属槽盒应与接地干线可靠连接。安装在屋面上的槽盒引出的电源线、通信线应穿金属管保护,金属保护管应可靠接地。

2 接地(PE)或接零(PEN)支线应单独与接地(PE)或接零(PEN)干线相连接,不得串联连接。

4.6.6 控制线与控制屏安装应符合下列规定：

1 室外机、室内机、线控器、集中控制器或日程控制器之间的控制线的类型与长度应符合产品技术文件的要求。

2 室外机与室内机通信连接时,控制线应经同一系统室内机之间的配线端子板连接到本系统的室外机配线端子板上,控制线的屏蔽网应单端接地,接地电阻应小于 4 Ω。

3 室内机与线控器通信连接时,控制线应从室内机的配线端子板连接到线控器的端子板上;利用一个线控器操作多台室内机时,应按产品技术文件要求连接各室内机的配线端子板,并确保接线正确。

4 控制线与电源线不得同管或同槽敷设;室外机与室内机控制线的连接可按照冷(热)媒管道走向布线;控制线可暗装或明装,均应穿管或在槽盒内敷设;不同系统的室内机控制线不得串联连接。

5 控制屏安装高度宜为 1.3 m,且应固定牢靠,横平竖直。

4.7 新风处理机组和空气全热回收器安装

4.7.1 与新风处理机组和空气全热回收器连接的风管系统安装应符合本标准第 4.9 节的规定。新风处理机组冷凝水管安装应符合本标准第 4.8 节的规定。

4.7.2 新风处理机组安装应符合下列规定：

1 新风处理机组应水平安装。

2 新风处理机组吊装不得直接采用膨胀螺栓固定,应进行必要的吊架受力计算,采取安全可靠措施;金属通丝吊杆安装应符合本标准第4.2.2条的规定。

3 室内机和风管之间应采用柔性短管连接;柔性短管安装应符合本标准第4.2.3条的规定。

4.7.3 空气全热回收器安装应符合下列规定:

1 空气全热回收器安装位置应正确,安装牢固。

2 空气全热回收器设备应单独设置支、吊架,采用吊架方式安装时应符合本标准第4.7.2条的规定。

3 机组进出口连接的管路应有1m以上有效直管段,有效直管段内不应出现局部阻力较大的分支、变径及弯头等部件。

4 金属风管穿过不同材质的金属板条、金属丝或金属板包层等建筑装修体时,应设置绝缘层。

5 连接进风口、排风口的风管应自空气全热回收器向室外方向朝下倾斜(坡度5%以上)。

6 机组安装场所应留有检修口。

7 空气全热回收器的进风口、排风口宜设置在建筑物不同的立面上;同一立面上设置进、排风口的,排风口位置应高于进风口,且相互距离应在6m以上。

4.8 空调冷凝水管安装

4.8.1 室内机冷凝水应通过管路排放至合理的排放点。

4.8.2 冷凝水管安装应符合现行国家标准《通风与空调工程施工质量验收规范》GB 50243和《建筑给水排水及采暖工程施工质量验收规范》GB 50242的有关规定。

4.8.3 冷凝水主干管的坡度不宜小于5‰,支管的坡度不宜小于1‰,且不得出现倒坡。

4.8.4 凝水盘处于室内机负压段的,排水口应设存水高度大于负压值 H(水柱高度)的存水弯,存水弯的总高度宜为 $1.5H+2D$(图 4.8.4)。

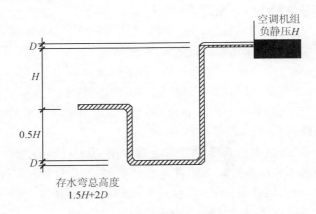

H—空调机组负压水头(mm);D—冷凝水管直径(mm)

图 4.8.4 存水弯高度示意图

4.8.5 空调冷凝水不得直接接入污水管及其他排水管,并采取防凝露措施。不得将冷凝水管与冷(热)媒管道捆扎在一起。

4.8.6 冷凝水管道应根据排水方式的不同进行安装,并应符合下列规定:

1 带排水泵的室内机(强制排水)在采用提升管时,提升高度不宜超过 300 mm;提升高度的横管应以较大坡度连接到汇总管;提升管距离室内机出口位置应在 300 mm 内。

2 无排水泵室内机距离内机排水口 300 mm 内设置带弯头的透气管,通气口应向下。

4.8.7 水平排水管宜在上侧设置垂直向上的通气管,并安装 180°弯管,通气口应向下。

4.8.8 管道连接完成后,应做通水试验和满水试验,排水应畅通,不得渗漏。

4.8.9 水平管支、吊架的间距应符合表4.8.9的规定;立管支架间距为1.5 m～2 m,每根立管的支架不得少于2个;U-PVC立管在楼层高度超过4 m或钢管立管在楼层高度超过5 m时,每层支架不得少于2个。

表4.8.9　水平管支、吊架的最大间距

公称直径 DN(mm)	最大间距(m)	
	冷凝水管材质为钢管	冷凝水管材质为U-PVC管
DN≤20	1.8	0.8
20<DN≤40	2.0	1.0
40<DN≤80	3.0	1.2
80<DN≤120	4.0	1.5
DN>120	4.5	2.0

4.8.10 机组与冷凝水管连接应采用柔性接管,且应用管箍固定,不得用胶水粘贴;柔性接管长度宜在100 mm～150 mm之间,且应做防凝露绝热(图4.8.10)。

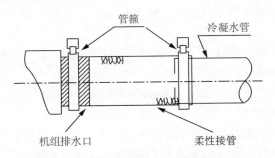

图4.8.10　冷凝水柔性接管安装示意图

4.9　风管及附件安装

4.9.1 风管系统的材料及安装应符合现行国家标准《建筑设计防火

规范》GB 50016、《通风与空调工程施工质量验收规范》GB 50243 和现行行业标准《通风管道技术规程》JGJ 141 的规定。

4.9.2 可伸缩金属或非金属柔性管不得出现小于 90°的死弯或凹陷现象;柔性管应松紧适度,且长度不应超过 2 m。

4.9.3 风管穿墙应预留孔洞,尺寸和位置应符合设计要求;风管穿过防火、防爆的墙体或楼板时,应设金属预埋管或防护套管,其壁厚不应小于 1.6 mm,风管与套管的空隙应采用不燃且对人体无危害的绝热材料封堵。

4.9.4 风管穿越防火墙处应设防火阀,且防火阀距离墙面不应大于 200 mm。

4.9.5 风管内不得敷设电线、电缆及各种其他管道。

4.9.6 调节装置应安装在便于操作的部位,风管与配件可拆卸的接口或调节机构,不得装设在墙体或楼板内。

4.9.7 风管支、吊架安装应符合下列规定:

1 风管与部件支、吊架的预埋件或膨胀螺栓应定位正确、安装牢固,埋入部分应除去油污,且不得涂漆。

2 用膨胀螺栓固定支、吊架时,应符合膨胀螺栓使用技术条件。

3 吊架的吊杆应平直,螺纹应完整、光洁,支、吊架上的螺孔应采用机械加工。

4 风管抱箍支架应紧贴并箍紧风管,保温风管的抱箍支架应采取绝热措施。

5 柔性带绝热层的圆形风管,其支架抱箍宽度不应小于50 mm,抱箍平面应与绝热材料平面平行并紧贴风管,不得倾斜;支、吊架间距不应大于 1 m,不得搁放在顶棚板上。

6 支、吊架的设置不得影响阀门、自控机构的正常动作,且不应设置在风口、检查门处;吊杆不得直接固定在法兰上。

7 连接法兰螺栓应均匀拧紧,其螺母应在同一侧。

4.9.8 风口安装应符合下列规定:

1 同一方向带风量调节阀的风口,其调节装置应设在同一侧。

2 金属、金属喷塑及烤漆的风口与风管连接应严密、牢固;边框应与建筑装修面贴实,外表面应平整不变形,调节灵活。

3 ABS 塑料等材质的风口应根据产品技术文件的要求进行安装。

4.10 防腐和绝热

4.10.1 多联式空调(热泵)系统的冷(热)媒管道、风管道、冷凝水管道,以及位于空调区域内的室外进风管,应按设计要求采取绝热措施;室外风管道应按设计和产品技术文件要求进行绝热和金属壳保护。

4.10.2 制冷剂管道的绝热应符合下列规定:

1 钎焊区、扩口处或法兰连接处的绝热应在气密性试验和真空试验合格后进行。

2 气、液管的绝热施工应分别进行,绝热层外不应使用绑带扎紧。

3 制冷剂管道绝热材料的接口以及与部件、与管道法兰及设备的接头处应完全绝热,不得有空隙。接口应在检查粘结牢固后用胶布包扎,胶布宽度不应小于 50 mm。

4.10.3 空气源热泵两联供系统的空调供回水管道及附件的绝热施工应符合现行国家标准《通风与空调工程施工质量验收规范》GB 50243、《通风与空调工程施工规范》GB 50738 的有关规定。

4.10.4 风管道、冷凝水管道的绝热施工应在系统严密性试验完成和质量检查合格后进行。

4.10.5 风管绝热应符合下列规定:

1 当保温风管穿过墙体或楼板时,穿越部分的风管应设保护套管。

    2   在下列场合应使用不燃绝热材料：

        1）电加热器前后各 800 mm 范围内和穿过有高温、火源等容易起火的房间的风管和绝热层。

        2）穿越防火、防爆的墙体或楼板时，穿越处风管上的防火阀两侧各 2 m 范围内的风管和绝热层。

    3   绝热层粘结后，如进行包扎或捆扎，包扎的搭接处应均匀、贴紧；捆扎应松紧适度，不得损坏绝热层。

4.10.6 冷凝水管道绝热材料的接缝处应粘结密实、平整、牢固，无需胶带粘贴。带有防潮层绝热材料的拼缝处应采用粘胶带封严。

4.10.7 风管、管道及支、吊架应进行防腐处理，位于室外及潮湿场所的应按设计要求做防腐处理；明装部分应刷面漆；防腐涂料的品种和涂层层数应符合设计要求，涂料的底漆和面漆应配套。

4.10.8 设备、部件、阀门的绝热和防腐层，不得遮盖铭牌、标志和影响部件、阀门的操作功能。

4.10.9 金属保护壳的施工应符合下列规定：

    1 金属保护壳板材的连接应牢固严密，外表应整齐平整。

    2 圆形保护壳应贴紧绝热层，不得有脱壳、褶皱、强行对口等现象。

    3 户外金属保护壳的纵、横向接缝应顺水流方向设置，纵向接缝应设在侧面；保护壳与外墙面或屋顶的交接处应设泛水，且不应渗漏。

4.11 地暖水系统安装

4.11.1 地暖水系统安装环境应符合下列要求：

    1 土建专业已完成墙面粉刷（不含面层），外窗、外门已安装完毕,地面已清理干净。

2 直接与土壤接触或有潮湿气体侵入的地面已铺设一层防潮层。

3 厨房、卫生间已完成闭水试验并经过验收。

4 铺设泡沫塑料类绝热层、预制沟槽保温板、供暖板及其填充板的基层地面应平整、无落差,平整度用 2 m 靠尺测量的允许偏差应在 3 mm 以内;墙脚处应平直。

5 与地暖辐射供暖系统配套的热水输送系统已设计完成。热水输送系统配置应符合产品技术文件的要求。

4.11.2 所有进场材料、产品的质量证明及技术文件应齐全,标志清晰,外观检查合格;必要时应抽样进行相关检测。

4.11.3 分水器、集水器安装应符合下列规定:

1 分水器、集水器(含连接件等)内外表面应光洁,不得有裂纹、砂眼、冷隔、夹渣、凹凸不平等缺陷;表面电镀的连接件应色泽均匀,镀层应牢固,不得有脱镀的现象。

2 分水器、集水器安装定位应水平牢固,不得有松动现象。

3 分水器、集水器在安装时应上、下安放,分水器宜安装于上方,中心线离地宜为 500 mm;集水器宜安装在下方,中心线离地宜为 300 mm。

4 分水器、集水器的接管应有序排列,对应的上、下管接头为一个供、回水回路;每个回路应明确标记回路的管长和控制的区域。

4.11.4 温控线的铺设应符合下列规定:

1 温控线应套入塑料绝缘阻燃电工套管。

2 套管连接应采用配套接口,且使用专用粘合剂连接。

3 相邻的温控线宜采用不同的颜色。

4.11.5 绝热层的铺设应符合下列规定:

1 泡沫塑料类绝热层、预制沟槽保温板、供暖板及其填充板的铺设应平整,板间的相互接合应严密,接头应采用塑料胶带粘接平顺。

    2 泡沫塑料类绝热层铺设应符合下列规定：

        1）绝热层铺设时应先铺整板，再铺切割板；整板放在四周，切割板放在中间。

        2）绝热层应保持平整，高差不允许超过 ±5 mm，缝隙不大于 5 mm。

    3 预制沟槽保温板铺设应符合下列规定：

        1）可直接将相同规格的标准板块拼接铺设在楼板基层或发泡水泥绝热层上。

        2）当标准板块的尺寸不能满足要求时，可用工具刀裁下所需尺寸的保温板对齐铺设。

        3）相邻板块上的沟槽应互相对应、紧密依靠。

    4 供暖板及其填充板铺设应符合下列规定：

        1）带木龙骨的供暖板可用水泥钉钉在地面上进行局部固定，也可平铺在基层地面上；填充板应在现场加龙骨，龙骨间距不应大于 300 mm，填充板的铺设方法与供暖板相同。

        2）不带龙骨的供暖板和填充板可采用工程胶点粘在地面上，并在面层施工时一起固定。

        3）填充板内的输配管安装后，填充板上应采用带胶铝箔覆盖输配管。

    5 装修图中的柜子、浴缸、梳洗台和灶台等所在位置可不用铺设绝热层。

    6 除卫生间、厨房等以外，房间墙角处应铺设边角保温条，边角保温条应与墙角贴合，不得脱落。

4.11.6　反射膜铺设应符合下列规定：

    1 反射膜铺设应平整，不得有褶皱、破损。

    2 反射膜遮盖严密，不得暴露出绝热层或地面。

    3 反射膜方格应对称整齐，避免发生错格现象，间距宜为

50 mm。

4 反射膜之间应采用透明胶带或铝箔胶带粘贴紧密,也可采用卡钉进行连接固定。

4.11.7 钢丝网铺设应符合下列规定:

1 钢丝网应铺设在反射膜上面,主要用于固定混凝土。

2 钢丝网宜采用卡钉固定。

3 钢丝网应铺设平整、均匀,不得出现钢丝网翘起现象。

4 钢丝网的钢丝直径宜为 1 mm,网孔尺寸宜为 50 mm×50 mm。

4.11.8 加热管铺设应符合下列规定:

1 加热管道支架设置应符合现行国家标准《建筑给水排水及采暖工程施工质量验收规范》GB 50242 和现行行业标准《辐射供暖供冷技术规程》JGJ 142 的相关规定。

2 加热管宜暗敷,明敷时宜布置在不受撞击处,或采取防撞击措施。

3 加热管道穿过建筑物的楼板、墙壁时应加装套管。

4 除埋地管道外,加热管道均应采取绝热措施。

5 加热管出地面至分水器、集水器连接处,弯管部分不宜露出地面装修层。加热管出地面至分水器、集水器下部球阀接口之间的明装管段外部应加塑料套管。套管应高出装修面 150 mm～200 mm。

6 加热管与分水器、集水器连接,应采用卡套式、卡压式挤压夹紧连接;连接件材料宜为铜质,铜质连接件与 PP-R 或 PP-B 直接接触的表面必须镀镍。

7 加热管的回路布置不宜穿越填充层内的伸缩缝;必须穿越时,伸缩缝处应设长度不小于 200 mm 的柔性接管。

8 地面加热盘管走向铺设应与设计回路相符合,不得擅自更改,也不得出现加热盘管交叉现象。

9 地面加热盘管间距宜为 150 mm～200 mm;当管间距小

于 100 mm 时，应在密集管路上加装隔热套管，以减小混凝土垫层膨胀；加热盘管与墙体之间距离宜为 100 mm～150 mm。

10 地面加热盘管铺设应采用卡钉固定，直管卡钉间距宜为 300 mm～500 mm，弯管部分用双卡钉均匀固定，弯管曲率半径不宜小于 6 倍公称管径。

11 加热管安装过程中应及时封堵管口。

12 加热管连接接头不得设于填充层内。施工验收后，发现加热管损坏，需要增设接头时，应先报建设单位或监理工程师，提出书面补救方案，经批准后方可实施。增设接头时，应根据加热管的材质，采用热熔或电熔插接式连接，或卡套式、卡压式铜制管接头连接，并应做好密封。铜管宜采用机械连接或焊接连接。无论采用何种接头，均应在竣工图上清晰表示，并记录归档。

4.11.9 地暖水管试压、冲洗应符合下列规定：

1 试压前，应检查铺设的盘管无损伤、管间距符合设计要求。

2 地暖水管试压不宜以气压试验代替水压试验。

3 水压试验应在浇捣混凝土填充层前和填充层养护期满后各进行一次；水压试验应以每组分集水器为单位，逐回路进行。

4 水压试验方法和试验压力应符合现行国家标准《建筑给水排水及采暖工程施工质量验收规范》GB 50242、现行行业标准《辐射供暖供冷技术规程》JGJ 142 的有关规定。

5 当周边环境温度低于 4℃时，应采取防止水管冻结和破损措施；必要时应采用其他热源进行预热；试压完成后应及时将管内的水吹尽、吹干。

5 调 试

5.1 一般规定

5.1.1 多联式空调（热泵）系统的设备、管线系统安装完成后,应进行系统调试。

5.1.2 多联式空调（热泵）系统调试应符合设计文件、产品技术文件和现行国家标准《通风与空调工程施工及验收规范》GB 50243 的有关规定。

5.1.3 新风、排风系统调试方案中应确定基准测试点（或基准风口）,标明风量、风速、风压、风管泄漏及干湿球温度等应达到的指标;应确认新风设备和排风设施安装正确,电气接线正确;各种风阀、传感器等安装正确、位置合理,符合设计要求。

5.1.4 系统调试所使用的测试仪器和仪表应检定合格,且使用时应在检定有效期内,性能稳定可靠,其精度等级及最小分度值应能满足测定的要求。

5.1.5 设备及制冷剂管道系统的检查和测试应符合下列规定:

  1 室外机的风扇、风扇外罩应无损坏与变形。

  2 风管式室内机的进风口、出风口应安装正确,确保气流不短路;面板、风口应无损坏或变形;控制面板应位置正确、操作灵活可控。

  3 系统制冷剂按计算值充注完成,气管、液管等截止阀应处于"打开"位置。

  4 在试运转前应接通电源,或按产品技术文件要求的时间进行压缩机油预热。

  5 制冷剂管道应固定牢靠,未因其他专业的施工造成变形或损坏,且测试资料齐全。

    6   正常运转时间应按照产品技术文件要求进行。

5.1.6 电气线路的检查和测试应符合下列规定:

    1   配线连接端子(电源或控制线)的螺丝应紧固。

    2   电源线的绝缘电阻值应大于 $0.5 M\Omega$,接地电阻应小于 4Ω。

    3   电源电压波动应处在规定值的 $\pm 10\%$ 以内。

    4   同一系统的控制线应接线正确。

5.1.7 冷凝水管的检查应符合下列规定:

    1   冷凝水管道满水试验和通水试验应合格,排水正常。

    2   冷凝水管绝热层应完整,支架间距正确,配管规格、走向、坡度和排放措施满足设计要求。

5.1.8 水源热泵的水系统管路的检查和测试应符合下列规定:

    1   水源水质应符合设备的技术文件要求,水质达不到要求时不得进行调试。

    2   水系统的各种设备及部件安装位置及安装质量应满足设计要求和国家现行标准的规定。

    3   打开闸阀和排气阀,注水完毕后开启水泵。注水结束后,应确认管路和机组内的空气完全排出,并确认机组换热器内循环水已注满。

    4   主机进出水管上的压力表、温度计示值应正确,水系统应运行正常,流量应符合设计要求,水流开关动作正确。

    5   首次试运行后,应清洗水过滤器,并确认滤网无污物堵塞。

5.1.9 空气源热泵两联供系统的空调供回水系统的检查和测试应符合本标准第 5.1.8 条的规定,并应符合下列规定:

    1   调试前必须清洗水系统,清洗时必须脱离主机,单独将水系统循环清洗,确保水系统无杂质后,才可将水系统接入机组内开机调试。

    2   系统试运行时,流经机组的水流量应达到机组换热额定流量要求。

3 冬季制热调试关机时,应保持机组总电源开关不断电,否则机组防冻功能将会失效。

5.1.10 室外机与室内机的调试应按照系统分别进行。

5.2 室内环境测试

5.2.1 室内机组测试包括室内机送风量、送风温度以及室内噪声的测试。

5.2.2 室内机的送风量、送风温度应符合设计或产品技术文件的要求。

5.2.3 室内机的噪声控制应符合下列规定:

1 室内机运转应无轴承摩擦、电动机转子的异常声响。

2 送风口的气流应均匀,送风百叶动作正常。

3 冷(热)媒管内介质流动应无异常声响。

4 室内机的噪声自然衰减不能达到噪声允许标准时,应采取减振降噪措施。

5.3 新风量、排风量测试

5.3.1 室内新风量、排风量的测试应在土建、装修及相关机电专业完成的前提下进行。

5.3.2 新风设备和排风机应进行单机试运转,且运转应正常,减振效果良好,噪声应达到设计指标和国家现行标准的要求。

5.3.3 空调房间要求保持正压的,应调节新风与排风量,使其符合设计要求。

5.3.4 新风风量、换热量应符合设计要求。

5.3.5 火灾自动报警信号(或模拟信号)接入时,新风系统应能与火灾自动报警系统联动,并符合设计要求。

5.4 水源热泵多联机系统调试

5.4.1 调试前应做好下列准备工作：

1 在调试前应对整个系统进行点检，检查系统安装合理，接线正确。

2 完成系统联网配置，水力模块与室外机匹配应正确。

3 管路系统内补水管及附件连接完成，并能自动维持系统压力。

4 水源水质符合设备要求。管路系统应排除管道内空气，保持管道内清洁。

5.4.2 单机测试室外主机及水泵运行状态，应无异常声响，且运转正常。

5.4.3 系统联动试运转应在水系统调试完成之后进行。室内环境温度测试系统的压差应正确，供回水温度差应符合设计要求。

5.4.4 水源侧的各种设备管线应工作正常，符合设计要求。

5.4.5 主机与室内机制冷剂侧调试按本标准第 5.1.5 条的相关要求执行。

5.5 单独控制方式调试

5.5.1 调整定时控制、工作模式控制、温度控制及风量控制，控制均应正常。

5.5.2 制冷压缩机、室内机及系统的各项保护功能应正常，故障自诊断功能、故障报警应正常。

5.5.3 各项显示功能应正常。各室内机的技术参数均应在温控面板上显示。

5.6 集中控制方式调试

5.6.1 单台集中控制器应先进行调试,各种控制功能应正常发挥作用。

5.6.2 整个系统的调试,应能实现对全部室内机进行集中、单机及综合控制和管理。

5.6.3 按控制功能的级别,检查室内机和室外机的启、停和运转,数据监控、定时功能、故障报警显示功能、自检功能、记录功能及备份功能应正常,远程通信系统应能正常工作。

5.6.4 接入外部火灾自动报警系统的信号时,系统动作应正常。

5.7 与智能化系统的联合调试

5.7.1 联合调试以智能化专业为主、空调专业配合进行,调试内容应按合同约定和调试大纲的要求进行。

5.7.2 空调专业应提供设备的接口、相关协议以及各项技术指标。

5.7.3 空调机组各个系统应确认已工作正常,网络系统及通信协议符合调试要求,基本软件编程等相关工作及设定已完成,智能系统的供电、控制中心设备及相关通信设施已工作正常。

5.7.4 新风处理机组、排风机所有输出点送风温度和风压显示应正确。相关的风机、风门、阀门等工作应正常。启动新风处理机组、排风机,风阀应联锁动作,送、排风温度监视和调节控制应投入运行。空气全热回收器运行状态应满足设计和产品技术文件的要求。

5.7.5 空调设备调试应确认其满足设计和监控点表的要求。各种控制模式间相互转换均应正常;系统受控设备能在相应工况下按控制要求投入正常运行,满足负荷和节能的需要。

5.7.6 只作监视不作控制的智能系统,各项显示、备份、报警等功能应完善,并符合设计要求。

5.8 地暖水系统的调试与试运行

5.8.1 地暖水系统的调试与试运行,应在施工完毕、混凝土填充层养护期满后,且具备正常供暖条件的情况下进行。

5.8.2 地暖水系统的调试运行应由专业承包单位在建设单位的配合下,以及监理单位的见证下进行。

5.8.3 地面供暖效果的检测和评价方法应符合现行行业标准《辐射供暖供冷技术规程》JGJ 142 的有关规定。

5.8.4 加热管铺设区域的面层上方不宜放置整体落地家具,应保证家具主体(除脚或支架外部分)与面层有 50 mm 以上的空气层。

5.8.5 在冬季较长时间不运转的情况下,应通过强制循环水或排出循环水的形式防止地埋管道冻结。

6 验 收

6.1 一般规定

6.1.1 多联式空调（热泵）的安装应填写《多联式空调（热泵）系统施工记录表》（附录 A 中表 A.0.1）。

6.1.2 设备、材料进场检验应填写《主要设备材料进场验收表》（附录 A 中表 A.0.2）。

6.1.3 隐蔽工程应由建设（或总包）、监理和施工单位共同进行验收，应填写《隐蔽工程（随工检查）验收表》（附录 A 中表 A.0.3）。

6.1.4 管道系统的吹污、试压和冷凝水管试漏、系统冲洗、绝热等工作应符合要求，并应填写《各类管道系统试验记录》（附录 A 中表 A.0.4）。

6.1.5 系统调试应达到设计要求，并填写《多联式空调（热泵）系统调试表》（附录 A 中表 A.0.5）。第三方检测的工程项目检测文件应齐全。

6.1.6 系统应运行正常，各区域调试数据及控制系统满足设计要求。

6.1.7 系统实物量安装应完整。经深化设计确定的室内机组、管道及风口等布置，不得被装修施工随意变动或取消。

6.2 验收记录

6.2.1 多联式空调（热泵）安装工程验收记录应包括下列资料：

1 深化设计施工图及相关文件。
2 工程合同。

3 施工组织设计或施工方案。

4 安装设备、材料清单(包括出厂合格证明、进场检验报告,特殊材料需有上海市主管部门规定的检测报告)。绝热材料应按照现行国家标准《建筑节能工程施工质量验收标准》GB 50411 要求进行复检。

5 隐蔽工程验收记录。

6 设备的施工记录及调试、检测记录。

7 设计单位、施工单位及建设单位共同签署的技术文件、设计变更文件及补充协议。

8 竣工图及空调系统使用手册。

9 资料的交接记录。

6.2.2 验收记录应填写规范,内容完整。

6.3 验收方法

6.3.1 多联式空调(热泵)安装工程验收应由建设单位组织单位和监理单位组成验收组,根据施工图、设计文件和本标准的要求,对系统安装、测试数据、功能要求和使用效果进行检查、测试和评价,并填写《多联式空调(热泵)系统验收表》(附录 A 中表 A.0.6)。

6.3.2 多联式空调(热泵)安装工程验收时,已经过工程检测验收合格及第三方检测合格的项目,不再重复进行检验。

6.4 系统验收

6.4.1 安装质量验收应符合下列规定:

1 对照设备清单全数检查现场安装的室内机、室外机、新风处理机组及空气全热回收器的数量、型号、规格,应符合设计要求。

2 各系统安装质量检查应符合下列规定：

1）室内机、室外机、新风处理机组及空气全热回收器等主机设备应按照系统数量的 20% 比例且不少于 2 个系统进行抽查，其安装质量应符合本标准第 4 章的规定；当系统数量小于 2 个时，应全数检查；当系统属于隐蔽工程内容时，应在隐蔽工程验收时按照本条要求进行检查；检查结果如有不符合的，各系统机组应全数检查。

2）风管安装质量应以 20% 比例（包括已验收的隐蔽工程）按照本标准第 4.9 节的要求进行抽查；如有不符合的，应全数检查。

3）冷凝水管安装坡度应符合设计要求和本标准第 4.8 节的规定；此项如为隐蔽工程内容，则应在隐蔽工程验收时全数进行检查。

4）冷凝水管应进行单机排水试验，室内机周围应无冷凝水回流溢出现象。

5）制冷剂管道安装质量应以 20% 比例（包括已验收的隐蔽工程）按照本标准第 4.4 节的规定进行抽查；如有不符合的，应全数检查。

6）空调供回水管道及附件安装质量应以 20% 比例（包括已验收的隐蔽工程）按照本标准第 4.4 节的规定进行抽查；如有不符合的，应全数检查。

3 水源热泵多联机组的安装质量应满足本标准第 4.5 节的规定；水源热泵多联机水系统验收应符合现行国家标准《通风与空调工程施工质量验收规范》GB 50243 的有关规定。

4 供电系统和控制系统安装质量应达到本标准第 4.6 节规定的要求，防雷和接地应符合设计和现行国家标准《建筑电气工程施工质量验收规范》GB 50303 的有关规定。

5 地暖水系统中间验收应符合下列规定：

1）绝热层的厚度、材料的物理性能及铺设应符合设计要求。

2）加热管的材料、规格及敷设间距、弯曲半径等应符合设计要求，并应可靠固定。

3）伸缩缝应按设计要求敷设完毕。

4）加热管与分水器、集水器的连接处应无渗漏。

5）填充层内加热管不应有接头。

6 地暖水系统分水器、集水器及其连接件等安装后应采取成品保护措施。管道工程安装质量验收应符合现行国家标准《建筑给水排水及采暖工程施工质量验收规范》GB 50242 的有关规定。

6.4.2 功能及控制系统验收应符合下列规定：

1 检查各项已完成的调试和检测记录，记录应齐全；当验收组有异议时，可进行抽查复验。

2 以 20％比例抽查各控制屏，地址码应正确，控制正常。

3 集中控制方式时，应控制正确，动作正常。

4 同建筑设备监控系统一起验收时，应由智能化专业为主进行检测，检测条件应符合下列规定：

1）系统已经调试完毕、试运行正常。

2）系统调试及试运行过程中出现的问题已经全部整改完毕。

3）建筑设备监控系统的监控功能应正常发挥作用。

4）控制中心的显示、备份、打印及报警等功能应正常，历史记录满足验收要求。

5）各项控制内容以不低于 10％比例抽检，系统数量少于 2 个时全数检测。被抽检系统全部合格，则视全系统验收合格。

6.4.3 工程中涉及节能分部验收时应按相关标准规范的要求组织验收。

附录 A　工程施工记录、调试及验收表格

表 A.0.1　多联式空调(热泵)系统施工记录表

单位(子单位)工程名称			分部(子分部)工程名称		
分项工程名称			验收部位		
施工单位			项目经理		
施工执行标准名称及编号					
分包单位			分包项目经理		
序号	施工项目		安装检查记录		符合设计、规范标准或产品技术参数
监理工程师 (或建设单位专业技术负责人)签字: 日期:			施工单位专业技术负责人签字: 日期:		

注:施工项目参照现行国家标准《通风与空调工程施工质量验收规范》GB 50243 主
控项目确定。

表 A. 0. 2 主要设备材料进场验收表

工程名称			分项工程名称					
施工单位			项目经理					
序号	设备、材料描述	型号	品牌	产地	数量	单位	合格证明

施工单位	监理单位
专业技术负责人签字：	监理工程师签字：
日期：	日期：

表 A.0.3 隐蔽工程(随工检查)验收表

系统名称：　　　　　　　　　　　　　　　　　　编号：

建设单位	监理单位	施工单位

	检 查 内 容	检 查 结 果		
		安装质量	楼层(部位)	图号
隐蔽工程（随工检查）内容与检查结论				

验收意见：

建设单位	监理单位	施工单位
验收人：	验收人：	验收人：
日期：	日期：	日期：
盖章：	盖章：	盖章：

注:1　检查内容包括：
　　　1) 室内机安装、电源接线与接地；
　　　2) 冷(热)媒管道绝热、吊支架安装及信号线敷设；
　　　3) 地暖水系统以及其他系统的隐蔽工程内容。
　　2　检查结果的"安装质量"一栏内,按检查内容序号,合格的打"√",不合格的打
　　　"×",并注明对应的楼层(部位)、图号。

表 A.0.4　各类管道系统试验记录

工程名称				施工单位	
分项工程名称				监理单位	
系统编号	冷(热)媒管道严密性试验　　试验日期：				
	试验介质	试验压力(MPa)	试验温度(℃)	定压时间(h)	试验结果
系统编号	制冷剂管道抽真空试验　　试验日期：				
	设计真空度(MPa)	试验真空度(MPa)	定压时间(h)		试验结果
系统编号	冷凝水管灌水试验				
	通水试验	满水试验	单机排水试验		试验结果
施工单位			监理单位		
专业技术负责人签名：　　　　　　　　　　　年　　月　　日			监理工程师签名：　　　　　　　　　　　年　　月　　日		

表 A.0.5 多联式空调(热泵)系统调试表

工程名称			施工单位					
分项工程 名称			系统编号					
室外机 机型		机号		安装位置				

室内机	机型	机号	安装楼层 和房号	机型	机号	安装楼层 和房号	机型	机号	安装楼层 和房号

室外机组运转调试数据	检查项目	检查方法	标准	实测值		结论
	电源电路	用 500 V 兆欧表测量	0.5 MΩ 以上		MΩ	
	接线端子 插座	目视检查,确认螺栓紧固, 接线正确	无脱落、 松动			
	机内制冷剂 系统	用密封测试表确认接口焊 接与连接	无泄漏			
	电源电压	用电压表或万用表在各相 间测量(运转时)	在额定电压 的±10%	L1 L2 L3	V V V	
	压缩机运转 电流	用箝形电流计测量	在额定电流 的 115% 以下	1	U A V A W A	
				2	U A V A W A	
				3	U A V A W A	
	高压压力	运转 30 min 后用压力计、 检测表测量			MPa	

	检查项目	检查方法	标准	实测值	结论
室外机组运转调试数据	低压压力	运转30 min后用压力计、检测表测量		MPa	
	外气温度	用温度计在不受室外机排出空气影响之处测量		℃	
	吸入空气温度	用温度计测量	确认没有短路	℃	
	排出空气温度	外气温差最大处用温度计测量		℃	
	排出管温度	用表面温度计、测试表测量		1COMP ℃ 2COMP ℃ 3COMP ℃	
	吸入管温度	不受喷出影响处用表面温度计、测试表测量		℃	
	异常声及振动	在外箱、风扇附近观测确认	无异常声响、振动,并满足现行国家标准《通风与空调工程施工质量验收规范》GB 50243的规定		
	外观·热交换器	目视有无污垢、损坏等	外观良好,无污损		

	检查项目	检查方法		1	2	3	4	5	6	7	8	9	结论
室内机运转调试数据	回风温度	用温度计(℃)	制冷										
			制热										
	送风温度	用温度计(℃)	制冷										
			制热										
	温度差	上述温度差	制冷≥8℃										
			制热≥15℃										

续表 A. 0. 5

	检查项目	检查方法	1	2	3	4	5	6	7	8	9	结论
室内机运转调试数据	运转声	按 GB 50243 规定方法测量										
	检查水泄漏	制冷开始 20 min 后检查,应无水泄漏										
	摆动及异常抖动	遥控器确认,应无该现象										

	检查项目	检查方法及开机时间		0.5 h	4 h	8 h	12 h	24 h	36 h	48 h	结论
地暖热源	热源供水温度	用温度计(℃)	仅地暖								
	地暖侧回水温度	用温度计(℃)	仅地暖								
	总温度差	温度差(>5℃)	仅地暖								
	检查水泄漏	制热开始 20 min 后检查,应无水泄漏									
	室内温控器	检查温控器显示温度(设定温度 20℃)									
	水泵运转确认	确认水泵是否运转正常(运转音和温差确认)									
	自来水供水压力	记录自来水供水压力(MPa)									
	热水供水压力	记录压力(MPa)									
	热水回水压力	记录压力(MPa)									

建设单位: 专业技术负责人签名: 日期:	监理单位: 专业技术负责人签名: 日期:	施工单位: 专业技术负责人签名: 日期:

注:以多联式空调(热泵)为热源的地暖水系统传热方式为辐射传热,调试时需保证地暖覆盖区域的空间密封性,测试时间宜不小于 48 h。

表 A.0.6　多联式空调(热泵)系统验收表

工程名称								建设单位			
监理单位								施工单位			
室外机和室内机系统								核定安装质量 (合格或不合格)		核定运转数据 (合格或不合格)	
系统编号	室外机机号		室内机机号								

冷(热)媒 管路	验收 结果	验收项目					
		连接件紧固	钎焊	绝热	支、吊架间距	管箍固定	严密性试验
	合格						
	不合格						
冷凝水 管路	验收 结果	验收项目					
		接口登高	坡度	绝热	支、吊架间距	总管设置 与连接	登高及 存水弯	运行
	合格						
	不合格						

	验收项目							
新风与排风	验收结果	设备安装	风口设置	室外管	风量	风压	空气质量	换热及处理效果
	合格							
	不合格							

	验收项目							
风管安装	验收结果	风管制作	外观质量	固定牢固	绝热	支架及间距	漏风率	风口及噪声
	合格							
	不合格							

	验收项目		
控制系统	验收结果	末端控制	集中控制	智能化控制中心
	控制有效			
	控制无效（含说明）			

		验收项目					
地暖水系统	分集水器	验收结果	外观检查	安装位置	分支标识	旁通阀	三孔插座	总分支数
		合格						
		不合格						
	加热管	验收结果	外径与壁厚	水压试验	弯曲半径	敷设间距	加热管材质	最长回路管长
		合格						
		不合格						

		验收项目						
地暖水系统	隐蔽工程及面层铺设	验收结果	防潮层	绝热层	隔离层	反射膜	钢丝网	混凝土填充	面层
		合格							
		不合格							
	温控	验收结果	验收项目			
			安装高度	电线标识	保护套材质	安装位置空气流通性
		合格				
		不合格				
	效果测试	验收结果	验收项目		
			主机供回水温差	分集水器回路控制	温控器控制
		合格			
		不合格			

验收意见:

验收人员签名: 验收日期:

建设单位(章):	监理单位(章):	施工单位(章):
项目负责人签名:	项目负责人签名:	项目负责人签名:

注:合同中不包括的项目可划斜线消项。合格项目打"√",不合格项目打"×",需说明的用简单文字说明。

本标准用词说明

1 为便于在执行本标准条文时区别对待,对要求严格程度不同的用词说明如下:

    1)表示很严格,非这样做不可的用词:

      正面词采用"必须";

      反面词采用"严禁"。

    2)表示严格,在正常情况下均应这样做的用词:

      正面词采用"应";

      反面词采用"不应"或"不得"。

    3)表示允许稍有选择,在条件许可时首先应这样做的用词:

      正面词采用"宜";

      反面词采用"不宜"。

    4)表示有选择,在一定条件下可以这样做的用词,采用"可"。

2 条文中指明应按其他有关标准执行时的写法为"应符合……的规定"或"应按……执行"。非必须按所指定的标准执行时,写法为"可参照……执行"。

引用标准名录

1 《声环境质量标准》GB 3096

2 《铜基钎料》GB/T 6418

3 《银钎料》GB/T 10046

4 《空调与制冷设备用铜及铜合金无缝管》GB/T 17791

5 《多联式空调(热泵)机组应用设计与安装要求》GB/T 27941

6 《工业企业厂界环境噪声排放标准》GB 12348

7 《建筑设计防火规范》GB 50016

8 《工业建筑供暖通风与空气调节设计规范》GB 50019

9 《工业企业噪声控制设计规范》GB/T 50087

10 《民用建筑隔声设计规范》GB 50118

11 《公共建筑节能设计标准》GB 50189

12 《现场设备、工业管道焊接工程施工规范》GB 50236

13 《建筑给水排水及采暖工程施工质量验收规范》GB 50242

14 《通风与空调工程施工质量验收规范》GB 50243

15 《制冷设备、空气分离设备安装工程施工及验收规范》GB 50274

16 《建筑电气工程施工质量验收规范》GB 50303

17 《建筑节能工程施工质量验收标准》GB 50411

18 《民用建筑供暖通风与空气调节设计规范》GB 50736

19 《通风与空调工程施工规范》GB 50738

20 《民用建筑电气设计标准》GB 51348

21 《通风管道技术规程》JGJ 141

22 《辐射供暖供冷技术规程》JGJ 142

23 《多联机空调系统工程技术规程》JGJ 174

本标准上一版编制单位及人员信息

DG/TJ 08—2091—2012

主 编 单 位：上海市安装行业协会
参 编 单 位：上海市安装工程有限公司
上海市建设工程安全质量监督总站
大金（中国）投资有限公司
上海泽天机电科技有限公司
三菱电机空调影像设备（上海）有限公司
三菱重工空调系统（上海）有限公司
青岛海信日立空调系统有限公司
上海美的暖通设备销售有限公司
上海奇士建筑安装工程有限公司
乐金电子（中国）有限公司
上海市第一建筑有限公司机电设备安装公司
上海市第七建筑有限公司
东芝开利空调销售（上海）有限公司
艾默生环境优化技术（苏州）有限公司
苏州三星电子有限公司
上海宝昱空调设备工程有限公司
上海市建设工程质量检测有限公司
上海绿地建设（集团）有限公司
上海步原科技有限公司
上海咖德空调设备有限公司
上海锦信电机工程有限公司

主要起草人:杜伟国　何广钊　陈香麟　张常庆　邓国勇

钟　鸣　周慧壮　于　刚　梅　林　小林幸雄

夏俊春　刘　毅　樊　迪　侯启鹏　周方俊

祝丽华　程奇斌　金　松　曾华溪　张志华

余　靖　丁卫宏　毛　航　李大为　黄志长

主要审查人:卢士勋　吴兆林　刘传聚　夏　清　寿炜炜

史伟勤　夏仰玲

上海市工程建设规范

多联式空调(热泵)工程施工技术标准

DG/TJ 08—2091—2024
J 12000—2024

条 文 说 明

2025   上海

目 次

2 术 语 ……………………………………………………… 72

3 深化设计 ……………………………………………………… 73

　3.1 一般规定 …………………………………………………… 73

　3.2 机组及性能复核 …………………………………………… 73

　3.3 管道系统复核 ……………………………………………… 74

　3.4 风管系统复核 ……………………………………………… 74

　3.5 电气与控制系统复核 ……………………………………… 74

　3.6 地暖水系统复核 …………………………………………… 74

4 安 装 ……………………………………………………… 75

　4.2 室内机安装 ………………………………………………… 75

　4.3 室外机安装 ………………………………………………… 75

　4.4 冷(热)媒管道安装 ………………………………………… 76

　4.6 电气与控制系统安装 ……………………………………… 79

　4.7 新风处理机组和空气全热回收器安装 …………………… 79

　4.8 空调冷凝水管安装 ………………………………………… 79

　4.9 风管及附件安装 …………………………………………… 80

　4.10 防腐和绝热 ……………………………………………… 80

　4.11 地暖水系统安装 ………………………………………… 80

5 调 试 ……………………………………………………… 81

　5.1 一般规定 …………………………………………………… 81

　5.6 集中控制方式调试 ………………………………………… 81

　5.8 地暖水系统的调试与试运行 ……………………………… 81

6 验 收 ……………………………………………………… 82

　6.4 系统验收 …………………………………………………… 82

Contents

2　Terms ·· 72

3　Deepen design ····································· 73

　3. 1　Basic requirement ······················ 73

　3. 2　Rechecking on unit and performance ············· 73

　3. 3　Rechecking on piping system ··········· 74

　3. 4　Rechecking on air ducts system ········· 74

　3. 5　Rechecking on electrical and control system ········ 74

　3. 6　Rechecking on floor heating water system ········ 74

4　Installation ··· 75

　4. 2　Installation of indoor air conditioner ·············· 75

　4. 3　Installation of outdoor air conditioner ············· 75

　4. 4　Installation of refrigerant and heating medium

　　　　pipelines ·································· 76

　4. 6　Installation of electrical and control system ········ 79

　4. 7　Installation of air handling unit and heat exchange

　　　　·· 79

　4. 8　Installation of condensed water pipeline ·············· 79

　4. 9　Installation of air ducts and accessories ·············· 80

　4. 10　Corrosion prevention and heat insulation ············ 80

　4. 11　Installation of floor heating water system ········ 80

5　Commission ·· 81

　5. 1　Basic requirement ······················ 81

　5. 6　Commission of centralized control mode ············· 81

5. 8　Commission and test run of floor heating water
　　　system ·· 81
6　Acceptance ·· 82
　6. 4　System acceptance ···································· 82

2 术 语

2.0.3 水源热泵与空气源热泵的最大区别是主机换热器冷（热）交换介质的不同。本标准中水源热泵多联式空调系统中带压缩机的主机，不论安装于室内或室外，均称为主机。对于空气源热泵多联式空调系统中带压缩机的主机，不论安装于室内或室外，本标准中均称为室外机。

2.0.5 当多联式空调（热泵）系统直接以各类制冷剂为换热介质时，主机与室内机之间的冷（热）媒管道也称为制冷剂管道，其材质在工程上通常选用铜管；当以水为换热介质时，主机与室内机之间的冷（热）媒管道一般称为空调供回水管，其材质在工程上通常选用钢管或塑料管等。

3 深化设计

3.1 一般规定

3.1.7 为解决室外机运行时气流短路、排风不畅,或由于分层安装等不利情况而产生的"热岛效应"问题,需要对室外机排风设置导流风管,以满足室外机的正常运行。

3.1.10 根据以往施工经验,在多联式空调(热泵)系统品牌、型号未确认之前,设计文件无法提供准确的设备基础位置及大小,以及设备内外机的电源需求;在机电综合管线布置和精装出图之前,设计文件也无法提供合理的多联式空调(热泵)系统管线路由,故无法确定穿墙洞口、检修口等。综上所述,需在深化设计阶段由专业承包单位同土建、装修及其他机电专业进行协调,考虑设备及管线相关的基础、洞口、电源、检修口等,及时确定并提资给相关专业。

3.2 机组及性能复核

3.2.6 按照 2008 年 2 月 1 日起执行的《上海市空调设备安装使用管理规定》的要求,临近人行道安装时,空调设备安装架底部距室外地面的高度最低不得低于 1.9 m。在条件许可的情况下,多联式空调室外机安装高度在 2.5 m 以上为宜。对室外机与人行道的水平距离大于 3 m 时,室外机安装运行对人行道影响较小,可不对安装高度作规定,但室外机防护措施也应做到防止除维修人员以外的其他人员靠近。"楼群风"在气象上是指高层建筑群里,由于被扰乱的气流之间相互作用,引发很大瞬间风力的一种现象。季风和楼群风尤其在冬季对机组的化霜影响较大。

3.3 管道系统复核

3.3.4-1 水源热泵多联机的水系统管道复核可参照《实用供热空调设计手册》中的有关要求执行,并符合现行国家标准《工业建筑供暖通风与空气调节设计规范》GB 50019 和《民用建筑供暖通风与空气调节设计规范》GB 50736 的有关规定。

3.4 风管系统复核

3.4.3 新风的过滤应满足该项目环保、卫生学评价等要求。

3.4.4 为配合室内装修,风管式室内机的送、回风口尺寸和位置,需根据装修图要求布置,对风口风速、位置进行复核,避免风口风速过大产生的噪声和送、回风口距离与位置不合理形成送、回风短路现象。

3.5 电气与控制系统复核

3.5.5 根据建设单位对多联式空调(热泵)系统的运维需求,确定是否配置分户电量网络计费系统、远程监控系统等功能。如有此需求,则需要多联式空调(热泵)系统配置相应的分户电量计费模块、远程监控网端等。

3.6 地暖水系统复核

3.6.2 当辐射供暖用于局部供暖时,热负荷计算还要乘以表 3.6.2 所规定的计算系数。其他 K 值的计算系数采用线性插值方式进行计算。

3.6.3-4-3 分水器、集水器附近配置一个专用的单相三孔插座,是用于日后电动阀的供电。

4 安　装

4.2　室内机安装

4.2.3　室内机和风管之间采用柔性短管连接可以保证设备振动不传到风管上,风管的载荷不受力到室内机上。松紧适度是指根据开机风管移动位置的不同,安装时吸入口可略紧(防止吸入时风口折叠过多影响截面尺寸),送风口可略松。

4.3　室外机安装

4.3.1　室外机屋面基础周围设置排水槽需同屋面防水统一考虑。排水槽及防水作业需由土建单位施工。室外机的钢构架基础固定点受力部位有空隙的可加垫铁,与钢构架基础底面焊接固定。也可采用微膨胀水泥两次灌浆作无垫板处理。钢构架基础周围要采取防水措施,避免因积水造成基础锈蚀。钢构架基础底部区域应有排水措施,需保证钢构架基座中间不积水。

4.3.2　室外机固定的减振垫尺寸规格需与室外机底座尺寸规格相吻合,长度需满足设备减振要求。2 台及以上室外机共用钢构架基础时,每台室外机底座需单独设置减振措施,以避免发生共振现象。

施工中经常会发生室外机安装后因其他专业的施工而受损,故保留随机的包装物可保护室外机,并达到材料的再利用。

4.3.3　室外机连接配件前面的直管长度如小于 500 mm,可能导致制冷剂偏流造成设备的损坏。

4.4 冷(热)媒管道安装

4.4.3 从施工可靠、便利性、美观等角度考虑,室外冷(热)媒管道的外保护,优先考虑槽盒,但弯角需按实际弧度要求加工;也可采用专用硬质保护壳产品、外包金属保护壳等保护措施。

4.4.4-2 气管与液管并行敷设时,因液管的直径较小,故支撑点的间隔距离根据液管的管径选择。

4.4.4-3 现场施工中发现 U 形抱箍因宽度较窄而嵌入绝热层,有的甚至已接触到冷(热)媒管道形成"冷桥",对绝热效果影响很大。故要求 U 形抱箍与绝热层之间应垫衬宽度不小于 50 mm 的半硬材料,增大受力面。工程中有采用 2 mm 厚、50 mm 宽橡胶薄板的先包在绝热层外再装上抱箍,效果较好;工程中也有采用专用的硬质 PVC 管壳保护制冷剂管道绝热层,再用 U 形抱箍与支架固定,安装较为美观、牢靠;设备制造商产品附件中已有相应宽度的管箍部件,并能保证管箍不嵌入绝热层的则可直接使用。考虑到经济性,此处采用何种材料不作硬性规定。

4.4.4-4 由于流动的制冷剂会随运转和工况的变化而发生温度差异,导致其配管产生热胀冷缩现象,所以垂直管道抱箍支架间隔不完全夹紧,否则可能造成铜管因应力集中而开裂。

4.4.5 本条所指的喇叭口仅用于与室外机和室内机制冷剂管道连接口的螺纹紧固件连接处,喇叭口不能用于焊接。焊接对口采用胀管套接形式。

4.4.6 分歧管有较多的支管对应不同的室内机(或房间)时,贴上相应标签以便于检查、调试时识别。为了保证制冷剂分流均匀,故安装分歧管组件时需注意其水平直管段的长度。

4.4.7-1 管道的切割如用锯或切割机切割铜管,会导致铜屑进入管内,很难吹扫干净,有进入压缩机或堵塞节流部件的危险。

4.4.7-2 铜管加工清理铜屑时,管端向下倾斜可防止铜屑掉入管内。端口缺口及伤痕会造成扩口时发生破裂。如果管端明显变形或有缺陷,需将其切除重新加工。

4.4.7-4 铜管退火处理是先将管端缓慢加热到一定温度,保持足够时间,然后以适宜速度冷却,以改善铜管端口的塑性和韧性。铜管扩喇叭口仅用于螺纹连接。当使用扭矩扳手拧紧扩口螺母时,在某一点上拧紧力矩会突然增加。从该位置开始,进一步拧紧扩口螺母至如表 1 所示的角度。扩口时涂抹空调机冷冻油在扩口的内外面上,以便扩口连接螺母顺利地通过或旋转,保证密封面和受力面紧贴,防止管道扭曲。喇叭口如有裂纹或是变形,则无法密封紧固或系统运行中会造成制冷剂泄漏。因为行业内采用制冷剂种类较多,本条文是对具有行业代表性且普遍采用的 R410A 制冷剂作规定,其他制冷剂如有特殊要求时,可按设计或产品技术文件要求执行。

表 1　扩口螺母拧紧角度及力臂长度

管径(mm)/(in)	进一步拧紧的角度	推荐的工具力臂长度
9.5(3/8″)	60°～90°	200 mm
12.7(1/2″)	30°～60°	250 mm
15.9(5/8″)	30°～60°	300 mm

4.4.7-6 铜管钎焊所用的磷铜焊丝,因有磷元素的存在,在焊接中有还原氧化铜的作用。铜基钎料随着含银量的增加使其焊缝塑性不断改善。一般应用条件下,考虑到价格的因素,要求含银量不小于 4.8%,相当于料 204 铜磷银钎料;但受振动、冲击较大且压力高的管道,需使用含银量高的银基钎料。

铜管的钎焊前化学清洗可采用如下方法:先将焊件浸入 80℃～90℃的 10%氢氧化钠溶液去油后,经水冲洗去除碱液;室温下在 10%硫酸水溶液中浸蚀 2 min～3 min,在流动水中冲洗干净;再在 110℃～120℃下烘干或晾干。

管内充氮可防止铜管内表面产生氧化物,这些氧化物会造成制冷剂系统的堵塞,引起压缩机润滑油变质,导致压缩机故障。氮气压力或流量过大,容易引起焊缝不熔合、产生气孔和沙眼;氮气压力或流量过小,起不到保护作用。但铜管焊接充氮保护的作用仅仅是防止铜管内壁表面在高温下产生氧化,并不能防止钎焊焊缝金属的氧化,故必须控制焊接温度。

4.4.8 因制冷剂管道工作压力很高,不仅不能进行焊接,而且加热和弯曲也会造成安全事故,故作此规定。

4.4.9-2 管道试压时暂不连接室外机,以免阀体损坏。故在气密性试验合格后,将配管与外机连接。

4.4.9-3 气密性试验表 4.4.9 中第一阶段加压、保压可发现大的泄漏口,第二阶段加压、保压可发现一般的泄漏口,第三阶段加压、保压可发现微小的泄漏口。因为行业内采用制冷剂种类较多,本条文是对具有行业代表性且普遍采用的 R410A 制冷剂气密性试验作规定,其他制冷剂如有特殊要求时,可按设计或产品技术文件要求执行。

4.4.9-4 压力观察时,试验压力范围内,环境温差$\pm1℃$,对应氮气压力差为±0.01 MPa。根据用修正后的值与加压值相比较即可看出压力是否下降。查找漏点的方式中,听感检漏时用耳可以听到较大的漏气声;手触检漏时手放到管道连接处可感觉到漏气;肥皂水检漏时可发现较小的漏气处冒出气泡;探测仪检漏可发现更小的漏气点,检漏时采用的气体及操作方法需满足探测检漏仪的技术要求。

4.4.11 在工厂出厂时的制冷剂充注量中,不包含配管延长后的追加量,故需以液管直径、长度来计算所需制冷剂。追加的制冷剂量因为环境温度、配管长度的不同,对系统电流、压力及排气温度会有比较大的影响,故需按产品技术文件的要求进行计算后充填。

4.6 电气与控制系统安装

4.6.2-5 在施工检查中发现有室外机电源线与冷(热)媒管道同槽敷设现象,存在一定电气安全风险,故要求室外机电源线需单独设置路由,不得与冷(热)媒管道同槽敷设。

4.7 新风处理机组和空气全热回收器安装

4.7.2 为防止冷凝水集水盘倾斜使冷凝水溢出,新风处理机组设备安装需保证必要的水平度。新风处理机组设备一般重量较大,故规定吊装不得直接采用膨胀螺栓固定,需进行必要的吊架受力计算,采取安全可靠的吊装措施,如采用槽钢或铁板作为吊装固定点,并使用参数、性能达标的膨胀螺栓;也可使用多联机生产厂家提供的专用吊装固定构件。

4.7.3 金属风管设置绝缘层是避免其与不同材质的金属板条、金属丝或金属板直接接触,防止发生电化学腐蚀。进风口、排风口与空气全热回收器之间的风管向室外方向朝下倾斜的目的,是防止风口雨水渗入而从风管流入设备。在受限条件下,当进风口、排风口设置于同一建筑外立面时,相互距离应保持在 6 m 以上,以防气流短路。

4.8 空调冷凝水管安装

4.8.3 冷凝水管安装坡度按主干管和支管作不同安装规定,坡度规定数值考虑了现场施工的便利性。

4.8.4 考虑新风处理机组运行时负压较大,施工中往往由于标高限制,减少存水弯的高度,造成冷凝水排放不通畅,故对存水弯的高度作明确要求,以引起施工单位的重视。

4.8.6 冷凝水管道应按排水方式的不同进行安装。对提升高度的限制和提升管距离室内机出口位置的要求,主要是防止突然断电时,过多的冷凝水会回流积水盘,造成积水盘溢出。

4.9 风管及附件安装

4.9.7-5 现场施工中经常发现柔性圆形保温风管的抱箍嵌入绝热层,对绝热效果影响很大,甚至损坏绝热层。主要原因是抱箍宽度不够,或宽度尚可但安装时抱箍平面与风管绝热材料平面倾斜,造成抱箍嵌入绝热层,故作此规定。又因柔性风管刚度较小,故规定了较小的支架间距。

4.10 防腐和绝热

4.10.2-2 以往工程中,施工单位往往将明露的制冷剂管道绝热后用绑带扎紧,虽然起到了对绝热层的外保护和一定的美观作用,但实际使用过程中,发现部分制冷剂管道有凝露现象,排除绝热材料选用不合理和施工不当的因素,由于绑带绑扎过紧造成绝热层厚度压缩是产生冷凝水的主要因素,故作此规定。

4.10.6 现场施工中有些管道保温套的接口粘接质量不好,甚至已全部脱开,外面塑料胶带包扎后难以发现此缺陷,故要求接缝处粘接严密、牢固,而无需缠塑料胶带。对于带有防潮层绝热材料采用胶带封严是考虑防潮层的连续性。

4.11 地暖水系统安装

4.11.6-3 反射膜方格应对称整齐,为方便计算管道间距,故对反射膜方格间距作 50 mm 的规定。

4.11.8-11 加热管安装过程中及时封堵管口是为了防止管道被污染。

5 调 试

5.1 一般规定

5.1.5-4 如果不进行压缩机油预热作业,保护装置会起动,则无法进行试运转。即使有的厂家产品可以运行,也可能会对压缩机造成损伤。

5.1.10 如果同时进行多套系统的试运转,则无法发现制冷剂系统与通信系统的错误,因此应先进行各系统的单独调试。

5.6 集中控制方式调试

5.6.4 集中控制方式调试检查的相关内容按控制功能的级别进行,只在高级别的控制中才包括本条全部内容。

5.8 地暖水系统的调试与试运行

5.8.4 加热管铺设区域的面层上方,需保证家具主体(除脚或支架外部分)与面层有 50 mm 以上的空气层,否则会因传热不良而造成家具或面层材料变形。此条规定虽然与施工质量无关,但关系到用户的使用感受,在系统交付时需向用户说明。

6 验 收

6.4 系统验收

6.4.1-2 本标准作为地方性标准,条文中规定的各系统安装质量抽查比例要求,不低于现行国家标准《通风与空调工程施工及验收规范》GB 50243 中抽样Ⅰ方案的要求,工程检查过程中参照此抽查比例具有一定的操作便利性。